中国沿海地区海平面上升风险评估与管理

李 响 等编著

海洋出版社

2015 年 · 北京

图书在版编目（CIP）数据

中国沿海地区海平面上升风险评估与管理/李响等编著 . —北京：海洋出版社，2015.5

ISBN 978 - 7 - 5027 - 9146 - 9

Ⅰ. ①中… Ⅱ. ①李… Ⅲ. ①沿海 - 地区 - 海平面变化 - 研究 - 中国 Ⅳ. ①P542

中国版本图书馆 CIP 数据核字（2015）第 097332 号

责任编辑：杨传霞
责任印制：赵麟苏

http://www.oceanpress.com.cn

北京市海淀区大慧寺路 8 号　邮编：100081
北京旺都印务有限公司印刷　新华书店北京发行所经销
2015 年 5 月第 1 版　2015 年 5 月第 1 次印刷
开本：787 mm × 1092 mm　1/16　印张：15.25
字数：287 千字　定价：58.00 元
发行部：62132549　邮购部：68038093　总编室：62114335

《中国沿海地区海平面上升风险评估与管理》
编写人员

主要编写人员：李　响　刘克修　陈满春　牟　林

参与编写人员（按姓氏汉语拼音排序）：

董军兴　段晓峰　范文静　付世杰

高志刚　林峰竹　骆敬新　王　慧

武双全　袁文亚　张建立　张锦文

张增健

前　言

自工业革命以来，由于人类活动的加剧，石油、煤等化石燃料大规模地使用，以及对土地资源过度地开发利用，导致大气中二氧化碳、甲烷等温室气体浓度急剧上升，引起以变暖为主要特征的全球气候变化。这种变化已经并将持续地对自然生态和人类经济社会系统造成重大的、严重的影响，危及社会经济的可持续发展，是人类社会生存和发展面临的一个巨大挑战。2007 年 IPCC 发布的第四次评估报告（AR4）指出：最近 100 年（1906—2005 年）全球地表温度上升了（0.74 ± 0.18）℃，自 1850 年以来最暖的 12 个年份中有 11 个出现在近期的 10 多年。与前面几次评估报告相比，AR4 更明确地指出全球平均温度的升高超过 90% 的可能性是由于人为温室气体浓度的增加引起的，而全球气候模式（GCM）预估在 6 种SRES（Special Report on Emissions Scenarios：排放情景特别报告）排放情景下全球平均地表气温将上升 $1.1 \sim 6.4$℃。

与气候变暖的趋势对应，全球海洋亦持续增温，已伸展到 3 000 米深度。南北极冰盖以及冰川的融化、海水的热膨胀等，导致全球绝对海平面的持续上升。AR4 给出 20 世纪全球海平面上升 0.17 米，1961—2003 年全球平均海平面平均上升速率为 1.8 毫米/年，在近期有明显的加剧趋势，1993—2003 年平均上升 3.1 毫米/年。海平面的升高，导致海岸带侵蚀、台风和厄尔尼诺事件强度的加强等。

受气候变化以及沿海社会经济快速发展的影响，我国已成为世界上海洋灾害最频发、灾害程度最严重的国家之一。改革开放 30 多年来，中国沿海地区的经济高速发展，农村快速城镇化，人口日趋向沿海高度集中，沿海地区大量建设大型基地、工程设施和新兴经济开发区等，是经济活动最为活跃的地区。我国沿海处于脆弱与危险区域的面积有 14.39 万平方千

1

米，常住人口逾 7 000 万人，约为全世界处于同类区域人口总数的 27%，气候异常一旦引发极端气候事件，发生严重的海洋灾害，将会带来不可估量的损失。20 世纪 90 年代以来，极端天气过程和海洋灾害频发，沿海地区各类海洋灾害造成的经济损失，每年平均 150 多亿元。"十五"期间，海洋灾害造成的直接经济损失达 630 亿元，死亡人数约 1 160 人，特别是 2005 年的海洋经济损失就有近 330 亿元，将近占同期海洋经济总产值的 2%，占全国各类自然灾害总损失的 16%。2008 年海洋灾害造成 152 人死亡，直接经济损失 206 亿元。海洋灾害造成的经济损失在整体上呈明显的上升趋势，由此，极端气候事件加剧了海洋灾害，并已成为制约我国沿海社会经济发展的重要因素。

气候变化对中国沿海和海岸带的主要影响表现为中国沿海海平面不断上升。中国沿海地区大多地势低平，极易遭受因海平面上升带来的各种海洋灾害威胁。近 30 年来，中国沿海海平面总体呈波动上升趋势，平均上升速率为 2.6 毫米/年，高于全球海平面平均上升速率。海平面上升加剧了我国沿海地区风暴潮、海岸侵蚀、洪涝和海水倒灌等自然灾害的发生，各种海洋灾害发生频率和严重程度持续增加，滨海湿地、珊瑚礁等生态系统恶化，给沿海地区经济发展和人民生活带来多方面的不利影响。特别是长江三角洲、珠江三角洲和渤海湾地区等我国经济发达、高速发展的地区受海平面不断上升的影响尤为明显。珠江三角洲和长江三角洲河道纵横、地势低平，易受洪涝灾害，海平面上升已使堤围防洪标准和市政排水工程原设计标高降低，城镇排水困难、洪涝威胁增大。海平面上升降低了港口码头及仓库的标高，造成受风暴潮淹没的次数增加，港口功能日益减弱，难以适应经济发展的需要。

预计未来中国沿海海平面将继续上升，而目前中国海洋环境监视监测能力明显不足，应对海洋灾害的预警能力和应急响应能力已不能满足应对气候变化的需求，沿岸防潮工程建设标准较低，抵抗海洋灾害的能力较弱，海岸侵蚀、海水入侵、土壤盐渍化、河口海水倒灌等问题将日趋严重，海岸带及近岸海域生态系统会更加脆弱。未来 30 年，中国沿海海平面平均升高幅度 80~130 毫米,长江三角洲、珠江三角洲、黄河三角洲、天津沿岸等仍将是海平面上升影响的主要脆弱区。到 2050 年前后,珠江三角洲、长江三角洲和环渤海湾地区等几个重要沿海经济带附近的海平面上升幅度为 120~360 毫米。在此基础上发生的极端天气气候事件(如热带低气压、热带气旋、台风、巨浪等事件)发生的频率可能增加,将严重影响我国沿海地区的社会经济发展。

长江三角洲、珠江三角洲、环渤海区域、黄河三角洲是海平面上升的脆弱区域,选择这些典型区域分析海平面上升以及台风、风暴潮、咸潮等灾害事件对社会、经济和环境的影响,评估海平面上升应对措施及其效益,建立脆弱海岸带适应气候变化示范基地,对保证我国经济社会又好又快发展具有重要意义。

为保障沿海地区人民生产生活的安全和国民经济的可持续发展,应当采取措施应对中国沿海的海平面上升:制定适应海平面上升的战略,明确原则、目标和重点任务;建立健全相关法律法规和综合管理决策机制;提升海平面上升监测能力建设和海洋灾害的预警报、应急响应能力;开展综合风险评估、提高海岸防护设施的标准,新建和升级改造原有的海岸防护设施;推进海洋保护区和海洋生态系统修复工程;加强海岸带水资源综合管理;积极开展海岸带科技专项行动等。

本书共有三个部分,第一部分为海平面上升及其影响,分为三章,主要论述气候变化和海平面上升状况、海平面上升的分析预测方法以及海平面上升对我国的影响;第二部分为海平面上升风险评估,分为三章,主要介绍海平面上升风险评估的基本理论方法,评估中国沿海的海平面上升风险,并以渤海湾沿海地区为例,对海平面上升风险进行了细致深入的分析评估;第三部分为海平面上升风险管理,分为两章,分别介绍了适应海平面上升的风险管理方法和未来中国沿海应对海平面上升的适应对策。

本书在编写过程中得到了国家海洋环境预报中心王辉研究员和吴辉碇研究员、北京大学城市与环境学院许学工教授、河海大学左军成教授等人的大力支持,在此一并致谢。

　　本书的相关工作得到了国家自然基金重点项目（40830746）和青年基金项目（41106159）的资助。

　　本书参考了大量的国内外相关文献，限于篇幅，书中仅列出了主要的参考文献。

　　由于编著者水平有限，错误和疏漏在所难免，恳请批评指正。

作者

2014 年 12 月

目　　次

第一部分　海平面上升及其影响

第二部分　海平面上升风险评估

第三部分　海平面上升风险管理

第一部分　海平面上升及其影响

第一章　气候变化与海平面上升

气候变化是指气候状态的变化，可以通过其特征的平均值和变率的变化进行判别，这种变化通常持续几十年或更长的时间。引起气候系统变化的原因有多种，概括起来可分成自然的气候波动与人类活动的影响两大类。前者包括太阳辐射的变化、火山爆发、地球运转轨道的变化和固体地球的变化等。后者包括人类燃烧化石燃料、毁林以及其他工农业活动引起的大气中温室气体浓度的增加、硫化物气溶胶浓度的变化、陆面覆盖和土地利用的变化等。观测结果表明，近百年来全球气候呈显著的变暖趋势，其直接后果之一即是造成海平面上升。我国是世界上气候变化敏感区和脆弱区。

一、全球气候持续变暖加速海平面上升

大气中的水汽、臭氧、二氧化碳等气体，可以透过太阳短波辐射，使地球表面升温，但阻挡地球表面向宇宙空间发射长波辐射，从而使大气增温。由于二氧化碳等气体的这一作用与"温室"的作用类似，故称之为"温室效应"，二氧化碳等气体则被称为"温室气体"（Houghton，2001）。

如果没有温室气体，则全球地表平均温度应是 $-18℃$，而工业化前很长一段时间全球地表的平均温度实际上是 $15℃$ 左右。因此，如果大气中的温室气体浓度继续增加，进一步阻挡地球向宇宙空间发射的长波辐射，为维持辐射平衡，地表必将增温，以增大长波辐射量。地表温度增加后，一方面水汽将增加（增加大气对地表面长波辐射的吸收），冰雪将融化（减少地表面对太阳短波的反射），又使地表进一步增温，即形成正反馈使全球变暖更显著；另一方面，水汽增加也有可能使天空云量增加，从而使地表降温，形成负反馈。

除了二氧化碳外，目前发现的因人类活动排放的温室气体还有甲烷、氧化亚氮、氢氟碳化物、全氟化碳、六氟化硫等。其中，对气候变化影响

3

最大的是二氧化碳。二氧化碳的生命期很长，一旦排放到大气中，其寿命可达200年，因而最受关注。

排放温室气体的人类活动包括：所有的化石能源燃烧活动排放二氧化碳，在化石能源中，煤含碳量最高，石油次之，天然气较低；化石能源开采过程中的煤炭瓦斯、天然气泄漏排放二氧化碳和甲烷；水泥、石灰、化工等工业生产过程排放二氧化碳和氧化亚氮；水稻田、牛羊等反刍动物消化过程排放甲烷；废弃物排放甲烷和氧化亚氮；土地利用变化减少对二氧化碳的吸收等。

政府间气候变化专业委员会（IPCC）的评估报告综合国际上各方面研究结果对全球气候变化的基本事实给出了评估意见（Houghton，2001；McCarthy，2001）。1860年以来，根据地面气象仪器观测结果，全球平均温度升高了（0.6±0.2）℃。近百年来，最暖的年份均出现在1983年以后。20世纪北半球温度的增幅，可能是过去1 000年中最高的。近百年来，降水分布也发生了变化。大陆地区尤其是中高纬地区降水增加，非洲等一些地区降水减少。有些地区极端天气气候事件（厄尔尼诺、干旱、洪涝、雷暴、冰雹、风暴、高温天气和沙尘暴等）的出现频率与强度增加。全球大气中温室气体浓度明显增加，大气中二氧化碳的浓度（以体积计，后同）已从工业化前的约280毫升/米^{3}增加至2005年的379毫升/米^3（IPCC AR4，2007），这可能是过去42万年中的最高值。对过去100多年气候的模拟表明，只考虑自然因子作用的模拟结果，与1860—2000年的气候演变差异较大；同时模拟自然因子和人类活动的作用，可以相当好地模拟出过去100多年的气候变化。因而，近百年全球气候变化是由自然的气候波动和人类活动的作用共同造成的。

综上所述，近百年来，地球气候正经历着一次以全球气候变暖为主要特征的显著变化。这种气候变暖是由自然的气候波动和人类活动共同引起的。但最近50年的气候变化，很可能主要是人类活动造成的。

如图1-1所示，左边的坐标轴表示相对于1961—1990年平均的温度距平，右边的坐标轴表示估算的实际温度，单位均是℃。图中分别给出了25年（黄色）、50年（橙色）、100年（红紫色）、200年（红色）的线性趋势。蓝色的平滑曲线表示年代际变化，淡蓝色曲线表示90%的年代际

误差范围。从 1850—1899 年到 2001—2005 年，全球温度增加（0.76 ±
0.19）℃。

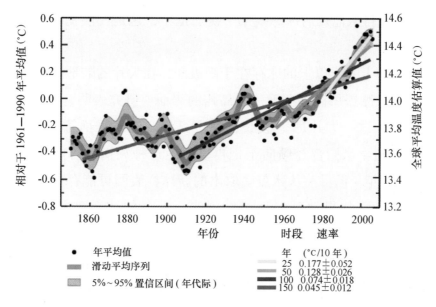

图 1-1　全球年平均气温（黑点）及对应的线性拟合（IPCC AR4）

海平面上升主要是由全球气候变暖造成的。温室气体浓度的增加将在
今后几十年内增强温室效应，使地球的平均温度持续升高。如果在 21 世
纪末大气中二氧化碳的浓度增加 1 倍，大部分陆地的平均温度将上升 4 ~
5℃，也有人估计得更高，范围在 1.9℃ 到 11.5℃ 之间，海平面将升高 10
厘米至 90 厘米甚至更高，这一方面是因为海洋水体的热膨胀，另一方面
则是因为极地冰层和陆原冰川、冰盖的融化。

冰川是地球上最大的淡水水库，全球 70% 的淡水被储存在冰川中。南
极洲厚达 3 000 米的冰层记录了地球 80 万年来的气候变化，它可以显示大
气中二氧化碳的含量与地球周期性变暖和变冷的直接联系。冰川融化是一
个相对缓慢的过程，但现在正在加速，当格陵兰冰盖融化后，地球的海平
面将上升 6 米至 7 米，而如果南极洲的冰盖融化，地球的海平面将上升 70
米，沿海低洼地区将被海水淹没。自 1850 年小冰期结束以来，全球冰川开
始发生退缩，这种退缩属于正常气候变化现象。然而，近几十年来，来自
世界各地的观测资料表明，全球越来越多地区的冰川和冰帽正在以有记录
以来最快的速度融化，20 世纪 80 年代到 21 世纪初，全球气温明显增高，

陆源冰加速融化，冻土解冻，冰缘退缩。这一时段也正是有记录以来全球最为温暖的20多年。1991年在阿尔卑斯山发现了一个"四千岁的男子"，发现的原因为自从他死后冰冻线第一次后退了，这是气候变暖一个明显的佐证。

地球表面上一半以上的冰存在于南极洲，在大片的陆地表面，或像西南极洲的巨大冰盖那样存在于一些岛屿的表面。研究表明，在125 000年前的间冰期，这一大片冰盖破裂，滑入海洋，使海平面增高了23英尺（约7米）。科学家们曾经倾向于把再度发生这种灾祸的可能时间推断为200年到300年。但目前从冰盖底取出的新冰样表明可能存在某些强有力的危险性变化，如果地球温度继续增高，那里的冰盖破裂将可能来得更早。

格陵兰岛拥有世界第二大冰盖，它在北半球的气候平衡中扮演着重要的角色，此外还有各个山区上的冰川。美国俄亥俄州立大学的贝德极地研究中心的朗尼和汤普森早在1992年就提出，所有低纬度山区的冰川现在都在融化后退，其中某些冰川融化后退的速度很快。另外，这些冰川所包含的记录表明，过去这50年的气候要比1.2万年间任何一个其他50年温暖得多。

未来随着全球气温持续升高，海水变暖，将对整个海洋产生很大的影响。海洋表层水温升高，台风生成的频率增加、强度加强，而且将扩展到温带的边缘地区，温带风暴也会增加和加强。一些中纬度的海盆，比如地中海，可能变成名副其实的热带海洋。冰川融化和退缩的速度不断加快，海平面升高，海洋盐度分布、冷暖水团、海流的运动规律改变，将引起海洋动力环境和海洋热源传输规律发生变化，海岸带地理环境将会改变，处于沿岸低地的城镇将有被海水淹没的可能。这些也意味着洪水、干旱以及饮用水减少正威胁着人类生存。

虽然全球气候变暖引起的海平面上升速率在全球各地几乎相等，但由于海洋周围地面沉降和局部地壳垂直运动不一致等原因，全球各地验潮站资料反映的海平面上升幅度并不相同，存在着明显的区域性差异。根据世界各地的验潮站资料，20世纪全球平均海平面上升了15～18厘米，上升速率为1.0～2.0毫米/年。

二、IPCC 对全球海平面上升的评估

1988 年，世界气象组织和联合国环境规划署建立了政府间气候变化专门委员会（IPCC），旨在全面、客观、公开和透明的基础上，对世界上有关全球气候变化的科学、技术和社会经济信息进行评估，并定期发布评估报告。截至目前，IPCC 分别于 1990 年、1995 年、2001 年和 2007 年发布了 4 次气候变化评估报告。

（一）过去 100 年全球海平面变化

从全球尺度来看，过去 100 年全球海平面上升了 18 厘米，但世界各地相对海平面的上升情况不尽相同。这可以从 IPCC 第二次评估报告列出的世界各大洲具有代表性的 6 个长期验潮站年平均海面的变化曲线和上升速率中得到证实。图 1 - 2 绘出了非洲、太平洋、大洋洲、亚洲、北美洲和欧洲的 6 个 50 年以上时间序列的验潮站年平均海平面记录。由图中的

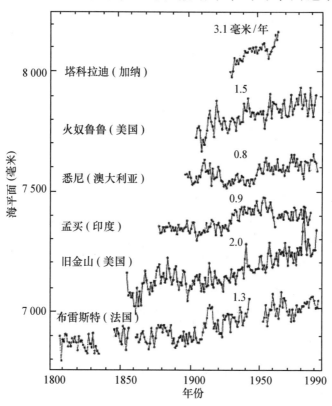

图 1 - 2　世界各大洋 6 个验潮站的长期年平均海平面过程线

变化曲线看出，6个站的海平面都明显呈上升变化趋势，但上升速率的差异较大，为0.8~3.1毫米/年，这说明相对海平面的变化速率具有明显的区域性特点。

关于过去100年海平面变化问题，IPCC的第三次评估报告也给出了结果，即在过去100年全球海平面上升的最佳估计为18厘米，相应的不确定范围为10~25厘米。这与IPCC第一次评估报告对不确定幅度的估计（10~20厘米）是相近的，主要是因为地球动力学模式的改进和陆地垂直运动测量结果的应用，使这种估计比以前更加可靠、可信度有所提高所致。

过去100年全球海平面上升的影响因素是什么？各自的贡献有多大？无疑是一个需要深入探讨和研究的问题。IPCC有关专家的综合研究结果表明，影响过去100年全球海平面上升的因素为海水热膨胀、冰川或小冰帽、格陵兰冰盖、南极冰盖、表面水和地下水贮存等。这些影响因素对海平面上升的各自贡献估计如表1-1所示。应该指出的是，在全球的冰盖和水文因素的估计方面存在很大的不确定性。

表1-1　过去100年全球海平面上升影响因素的贡献估计　单位：厘米

贡献分量	低	中	高
热膨胀	2	4	7
冰川或小冰帽	2	3.5	5
格陵兰冰盖	-4	0	4
南极冰盖	-14	0	14
表面水和地下水贮存	-5	0.5	7
总计	-19	8	37
观测结果	10	18	25

虽然在不同的地质时期海平面会有升有降，但从未有过目前预期的作为全球变暖的后果而将出现的这样迅速的变化。专家们认为，每一个沿海国家都将受到不利的影响。

气候变暖及陆源冰融化的最终后果是导致海平面不断升高，现在几乎达到每10年增高2.54厘米的程度。海平面上升的直接效应是沿海地区咸水侵入地下淡水层以及沿海湿地的丧失。

表 1 - 1 中海水热膨胀是全球平均气温在过去 100 年期间, 上升了 0.3 ~ 0.6℃的给定条件下计算的。表中包括模型计算结果和实际观测结果, 前者是 5 种影响因素的总和, 影响幅度估计从 - 19 厘米至 37 厘米, 可见其不确定性是很大的, 而后者的观测结果只有 10 ~ 25 厘米的变化幅度。因此, 在未来全球海平面上升的预估中, 不确定性也是很大的。

IPCC 的第四次评估报告根据验潮仪资料估计, 1961—2003 年期间, 全球海平面上升的平均速度为 (1.8 ± 0.5) 毫米/年。这一时期平均热膨胀对海平面上升的贡献为 (0.42 ± 0.12) 毫米/年, 同时冰川、冰帽和冰盖的贡献估计为 (0.7 ± 0.5) 毫米/年。通过 TOPEX/Poseidon 卫星高度计于 1993—2003 年期间测量得到的全球海平面上升的平均速度为 (3.1 ± 0.7) 毫米/年, 其中, 热膨胀为 (1.6 ± 0.5) 毫米/年, 陆冰变化 (1.2 ± 0.4) 毫米/年, 如图 1 - 3 所示。

| 海平面上升的根源 | 海平面上升 (毫米/年) | | | |
| | 1961—2003 | | 1993—2003 | |
	观测的	模拟的	观测的	模拟的
热膨胀	0.42 ± 0.12	0.5 ± 0.2	1.6 ± 0.5	1.5 ± 0.7
冰川和冰帽	0.50 ± 0.18	0.5 ± 0.2	0.77 ± 0.22	0.7 ± 0.3
格陵兰冰盖	0.05 ± 0.12[a]		0.21 ± 0.07[a]	
南极冰盖	0.14 ± 0.41[a]		0.21 ± 0.35[a]	
对海平面上升的个别气候贡献之和	1.1 ± 0.5	1.2 ± 0.5	2.8 ± 0.7	2.6 ± 0.8
海平面上升观测总量	1.8 ± 0.5 (验潮仪)		3.1 ± 0.7 (卫星测高仪)	

图 1 - 3　对海平面上升的贡献, 根据观测资料 (左栏), 与本评估所用模式相比 (右栏) (引自 IPCC AR4)

根据验潮仪资料和地质资料, 19 世纪中叶到 20 世纪中叶之间海平面上升速度有所加快。利用现有潮位记录可以重建历史的海平面变化 (图 1 - 4), 海平面在 1870—2000 年期间上升有所加速。地质观测资料表明, 在以往 2 000 年期间, 海平面变化很小, 平均速度的幅度在 0 ~ 0.2 毫米/年之间。

海平面变化的区域变率有所不同, 部分区域的上升速度比全球均值高出几倍, 同时也存在一些区域的海平面正在下降。自 1992 年以来最大的海平面上升发生在太平洋西部和印度洋东部, 几乎整个大西洋海平面都呈上升趋势, 而太平洋东部海平面和印度洋西部海平面在下降。这些区域海平面上升的时空变化部分受到海洋和大气变率的综合影响，如厄尔尼诺和北大西洋涛动等。

观测资料表明，自 1975 年以来极端高潮位有所增加。在许多地区，极端值的长期变化与平均海平面的变化相类似。高潮位极端值年际变率与区域平均海平面呈正相关关系，与区域气候指数诸如太平洋 ENSO 和大西洋 NAO 也存在正相关的关系。

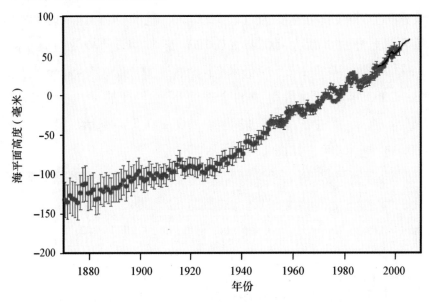

图 1 - 4　全球平均海平面高度变化，根据自 1870 年以来重建的海平面场（红色）、自 1950 年以来的验潮仪测量结果（蓝色）和自 1992 年以来的卫星测高结果（黑色）。单位是毫米，相对于 1961 年至 1990 年时段的平均值。误差在 90% 的信度区间内（引自 IPCC AR4）

（二）全球海平面上升预估

对未来海平面上升的预估是气候变化研究中一个重要的科学问题，不少学者在这方面做了大量的研究工作。目前，IPCC 主要基于全球温室气体排放方案的不同假设，对全球海平面变化的预估相对较为全面和系统化。

1. IPCC 的第一次和第二次评估报告对全球海平面上升的预估

1990 年 IPCC 基于温室气体正常排放方案 90A 的预估结果，得出了

2100 年海平面上升的最佳估计为 65 厘米（变化幅度为 31～110 厘米）。之后，不少学者又对温室气体排放情景、气体浓度变化、辐射强度变化、气候敏感性及初始条件等分别进行了新的考察和研究，经过不同模式计算后，给出了一些新的预估结果，如表 1－2 所示。

表 1－2 2100 年以前全球海平面上升预估新结果   单位：厘米

	热膨胀	冰川及小冰帽	格陵兰冰盖	南极冰盖	最佳估计	变化幅度
IPCC 第一次评估报告	43	17	10	−5	66	31～110
Wigley & Reper（1992）	−	−	−	−	48	15～90
Titus & Narrayanan（1995）	21	9	5	−1	34	5～77
IPCC 第二次评估报告	28	16	6	−1	49	20～86

表 1－2 中 IPCC 第二次气候变化评估报告对未来全球海平面上升的预估是基于 IS92a 温室气体排放方案，同时考虑了未来大气中气溶胶的变化。全球海平面上升的预估结果是 2050 年将上升 20 厘米，其不确定范围为 7～39 厘米；2100 年将上升 49 厘米，不确定范围为 20～86 厘米。图 1－5 绘制了这些预估结果。

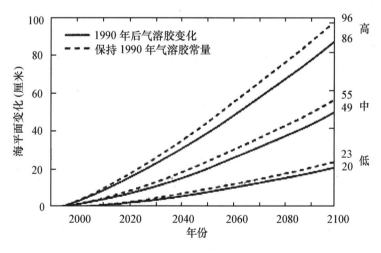

图 1－5 1990—2100 年全球海平面上升高、中和低的预估，图中实线是考虑 1990 年以后气溶胶的变化，虚线是将 1990 年气溶胶视为常数

图 1－6 为 1990—2100 年全球平均海平面变化，其中图 1－6（a）是

6 种情景的最佳估计，图 1－6（b）是情景 IS92 估计值的上下限。

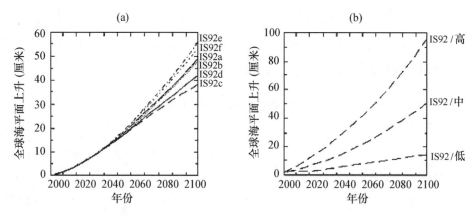

图 1－6　1990—2100 年全球平均海平面变化，（a）6 种情景的最佳估计，
（b）情景 IS92 估计值的上下限

　　1995 年与 1990 年 IPCC 报告最大不同之处，在于考虑了悬浮微粒的冷却效应。由于上述的推估值考虑了悬浮微粒的冷却效应，因此比 1990 年 IPCC 报告的推估值大约低了 0.8℃。如果将悬浮微粒含量固定在 1990 年的值，而不考虑其在 1990 年之后随时间增加的趋势，悬浮微粒的冷却效应因此被低估，预估的增温程度将更严重，约从 0.9℃到 4.5℃（图 1－7d 中的虚线）。

　　1995 年，IPCC 完成的第二次评估报告指出，全球温度变化的最新预估结果是在 IS92 全部温室气体排放方案的基础上（表 1－3），考虑温室气体和气溶胶的作用，气候模式预估出未来 2100 年的全球温度上升幅度，IPCC 的预估模型具有相当的代表性，根据二氧化碳（CO_2）、甲烷（CH_4）、氧化二氮（N_2O）和氟氯碳化物（CFC）的不同变化，21 世纪末全球气温升高可能有 3 种情景：① 1.5℃，② 2.5℃，③ 4.5℃，即 1.5～4.5℃。气温升高的一个直接结果是海平面上升，21 世纪末海平面上升也有 3 种情景：① 36 厘米，② 45 厘米，③ 65 厘米。这比 1990 年的评估（1.0～4.5℃）要低，这主要是由于考虑了气溶胶冷却作用的结果。但有科学家指出，到 21 世纪末，气温升高幅度为 3.0～5.0℃，两极地区可能升高到 10.0℃。已有的观测数据和分析成果表明，近几个世纪以来全球海平面上升速度是非常显著的，自 19 世纪工业革命至 20 世纪 90 年代，

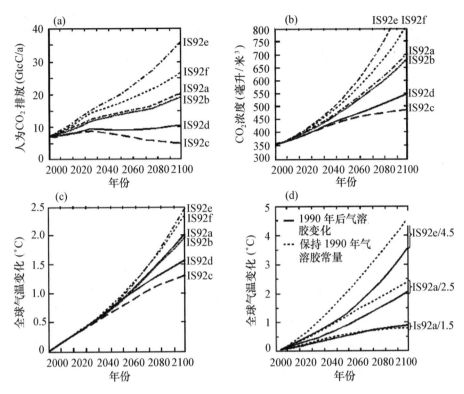

图 1-7 根据 IS92 排放情景估计 1990—2100 年：（a）CO_2 排放量；（b）大气中 CO_2 浓度；（c）全球平均气温变化的最佳估计；（d）全球平均气温变化的上、下限

全球海平面平均升高了 10~20 厘米。人们估计到 2100 年，全球海平面将比 1990 年升高 9~88 厘米。如果气温升高 3.0~5.0℃，全球海平面将会有更高的升幅。

表 1-3 1992 年 IPCC 设定的 6 种情景（IS92a-f，1992 年）

概要	人口 （至 2100 年，单位：亿人）	经济增长率	能源供应
IS92a、b	世界银行 1991 年估计 113	1990—2025：2.9% 1990—2100：2.3%	12 000 EJ 常规石油 13 000 EJ 天然气 太阳能成本价为 0.071 美元/（kW·h） 191 EJ 价格为 50 美元/桶生物燃料
IS92c	联合国中低估计 64	1990—2025：2.0% 1990—2100：1.2%	8 000 EJ 常规石油 7 300 EJ 天然气 核能消耗降至 0.4%
IS92d	联合国中低估计 64	1990—2025：2.7% 1990—2100：2.0%	石油和天然气与 IS92C 相同 太阳能成本价为 0.065 美元/（kW·h） 生物燃料 272EJ，价格为 70 美元/桶

概要	人口 （至 2100 年，单位：亿人）	经济增长率	能源供应
IS92e	世界银行 1991 年估计 113	1990—2025：3.5% 1990—2100：3.0%	18 400 EJ 常规石油 天然气与 IS92a、b 相同 至 2075 年停止使用核能
IS92f	联合国中高估计 176	1990—2025：2.9% 1990—2100：2.3%	天然气与 IS92e 相同 太阳能成本价为 0.083 美元/（kW·h） 核能成本增至 0.009 美元/（kW·h）

注：1 EJ = 280TWh

（此表为海平面上升预测的背景设定）

2. IPCC 第三次评估报告对全球海平面上升的预估

IPCC 第三次评估报告于 2001 年完成，是全世界数千位不同领域的科学家 5 年努力的成果，其科学成果被《科学》（Science）杂志列为 2001 年世界十大科学新闻之一。报告指出，近百年来，地球气候正经历一次以全球变暖为主要特征的显著变化，全球变暖已经对全球的生态系统以及社会经济系统产生了明显和深远的影响。

对未来海平面变化趋势的估计具有不确定性。影响未来长期海平面升高各种因子很多，有海水热膨胀、山地冰川、格陵兰和极地冰盖融化等。人类的能源利用结构、温室气体的排放量也具有很大的不确定性，这些都会影响未来海平面上升的实际情况。

不同的社会与经济假设（如人口增长速率、经济发展速度、社会进步水平和技术进步程度等），对应着不同的温室气体和气溶胶排放水平。IPCC 第三次评估报告构造了 36 种不同温室气体排放情景，基本上涵盖了从理想情况（人口增长得到控制、技术迅速改进、经济迅速发展）到不理想情况（人口不断增长，技术和经济发展缓慢）之间的各种情况。其中 6 种代表性的温室气体排放情景表明，人类活动造成的温室气体排放，将使大气中二氧化碳的浓度从工业化前的 280 毫升/米^3 上升到 2100 年的 540 ~ 970 毫升/米^3。也就是说，未来 100 年温室气体排放的幅度将可能在 540 ~ 970 毫升/米^3 之间变化。

科学家使用 31 个复杂的气候模式，对 6 种代表性温室气体排放情景下，未来 100 年的全球气候变化进行了预估（图 1 – 8）。结果表明：全球平均地表气温到 2100 年时将比 1990 年上升 1.4~5.8℃。这一温度增加值将是 20 世纪内增温值（0.6℃ 左右）的 2~10 倍；全球平均海平面到 2100 年时将比 1990 年上升 9~88 厘米，1990—2025 年和 1990—2050 年期间全球海平面将分别上升 3~14 厘米和 5~32 厘米，各个区域的上升值将有较大的差异。

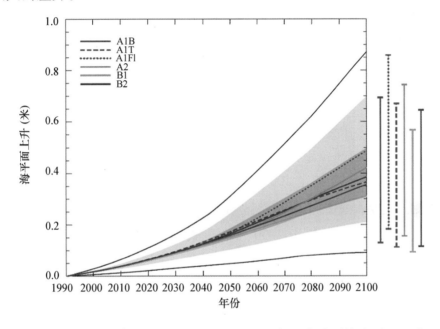

图 1-8　温室气体排放情景下 1990—2100 年的全球平均海平面上升
（引自 IPCC TAR）

基于 IS92 情景的第二次影响评估报告预估海平面上升范围是 13~94 厘米。尽管在这次预估的未来温度较高，但海平面上升的预估值却略有降低，这主要是由于采用了改进的数值模式，模式中冰川和冰盖的贡献已经变小。

3. IPCC 第四次评估报告对全球海平面上升的预估

IPCC 第四次评估报告组织 10 个国家的 14 个模拟小组利用 23 个模式开展了一系列数值模拟试验，经全球几百位研究人员分析的多模式结果资料库构成了这次评估各模式结果的主要基础。许多进展来自于对各单个模式的多元集合以及多模式集合的利用，使得对模式结论区间研究更加可靠，根据观测结果对模式的评估更加量化。

现在能够用 IPCC 以往对未来气候变化的预估与近期观测结果比较，从而提高短期预测以及对未来持续几十年气候变化的自然背景认识的可信度。第一次评估和第二次评估中对 1990 年至 2005 年的预估表明全球平均温度每 10 年分别上升约 0.3℃ 和 0.15℃。两者之间的差异主要在于在 SAR 包括了气溶胶的冷却效应，而第一次评估报告中没有这方面的量化基础。第三次评估报告中的预估与第二次评估报告中的类似。这些结论与每 10 年约 0.2℃ 的观测值相当，这为此类短期预估提供了较高的信度。

预计海平面今后几十年继续上升，气候变暖导致的陆源冰融化和海水热膨胀仍是海平面上升的主要原因。

在 A1B 情景下预估在 2000 年到 2020 年期间的热膨胀率预估为（1.3 ±0.7）毫米/年，这与 A2 或者 B1 情景没有显著的差异。这些预估热膨胀率未超出 1993 年至 2003 年的热膨胀率：（1.6 ±0.6）毫米/年，仍处在观测到的贡献率的不确定性区间内。对于每个情景，此处给出的区间中值处在 TAR 中 2090 年至 2099 年的模式均值的 10% 之内，同时注意到 TAR 是针对 2100 年预估，而第四次评估报告则是针对 2090 年至 2099 年预估。这些预估的不确定性比 TAR 的小，主要原因是：假定陆冰模式的不确定性不依赖于温度预测和膨胀预测的不确定性，改进后的对冰川近期质量损失的观测提供了更好的观测限值，以及第四次评估报告给出的不确定性区间处于 5% ~95% 之间，相当于 ±1.65 标准偏差，而第三次评估报告不确定性的标准偏差是 ±2。如果第三次评估报告采用同样的方式处理不确定性，它预估的海平面区间则会与第四次评估报告的差不多。

冰雪圈的变化将继续影响 21 世纪海平面的上升。预计冰川、冰帽和格陵兰冰盖在 21 世纪会有冰总量的损失，因为融化速度将会超过降雪的增加。目前的模式显示南极冰盖保持着冰冻状态，不会出现大范围融化，因而在未来通过降雪增加仍可能增加冰盖的冰总量，因而起到降低海平面上升的作用。然而，冰动力过程的变化能够增加格陵兰冰盖和南极冰盖对 21 世纪海平面上升的贡献。近期对格陵兰一些冰川溢出的观测给出了强有力的证据，当冰架消失，溢流会加强，冰盖表面融化的加强可能加速冰流及其溢出，进而增加对海平面的贡献。在南极西部的某些地区近期发生冰流大幅加速，可能是由于海洋变暖致使冰架变薄所致。虽然这未正式归因于由于温室气体造成的人为气候变化，但是表明未来的变暖可能造成冰物质的损失会更快。目前尚不能够作出有把握的量化预估。如果近期观测到的格陵兰冰盖和南极冰盖的冰溢流速率增加与全球平均温度变化保持线性增长，那么这将会把海平面上升的上限提高 0.1 米到 0.2 米。目前，对这些效应的认识非常有限，不足以评估其可能性或给出最佳估值。

如图 1-9 所示，到 21 世纪末（2090—2099 年）与 1980—1999 年期间相比 6 个 SRES 标志情景预估的全球平均海平面上升情况，根据模式结果的 5%~95% 的离散度区间给出。热膨胀对每个情景的最佳估值的贡献率是 70%~75%。第三次评估报告以后的一个重要进展是利用了海气耦合模式评估海洋热吸收和热膨胀。与第三次评估报告中使用的简单模式相比预估值有所降低。除 B1 以外的所有 SRES 标志情景的海平面平均上升幅度很有可能超过 1961 年到 2003 年期间的平均值（1.8±0.5）毫米/年。因为缺乏公开发表的文献基础，这些范围不包括碳循环反馈和冰流过程的不确定性。

情景	温度变化 与1980-1999相比2090-2099年的情况(℃)		海平面上升 与1980-1999相比2090-2099年的情况(米)
	最佳估值	可能性区间	基于模式提供的区间 不包括未来冰流快速的动力变化
稳定在2000年的浓度水平[b]	0.6	0.3~0.9	NA
B1情景	1.8	1.1~2.9	0.18~0.38
A1T情景	2.4	1.4~3.8	0.20~0.45
B2情景	2.4	1.4~3.8	0.20~0.43
A1B情景	2.8	1.7~4.4	0.21~0.48
A2情景	3.4	2.0~5.4	0.23~0.51
A1FI情景	4.0	2.4~6.4	0.26~0.59

注:
a. 这些估值来自于一系列模式评估，这些模式包括一个简单气候模式，几个中等复杂性地球模式(EMIC)和多个大气-海洋全球环流模式(AOGCM);
b. 稳定在2000年排放水平的值仅从各AOGCM模式反演而来。

图 1-9 21 世纪全球气温和海平面变化预估（引自 IPCC AR4）

同时，模式显示 21 世纪期间海平面上升在地理分布上将不统一。A1B 情景下的 2070 年至 2099 年海气耦合模式的空间标准偏差为 0.08 米，约为全球平均海平面上升中间估值的 25%。未来海平面变化的地理形态主要是由于海洋热量和盐度分布的变化进而改变海洋环流引起的。主要的特征是南半球海洋的海平面上升比平均值偏低，北冰洋海平面上升大于平均值，而明显的南大西洋和印度洋海平面上升的海域显得狭窄。

IPCC 第四次评估报告根据不同的二氧化碳排放情景对 21 世纪的全球气候变化作出的预估结论为（图 1-9）：到 21 世纪末（2090—2099 年）与 1980—1999 年期间相比平均变暖 1.1 ~ 6.4℃，全球平均海平面上升 0.18 ~ 0.69 米。

专栏:《IPCC 排放情景特别报告（SRES）》中的排放情景

A1 情景族描述了这样一个未来世界：经济增长非常快，全球人口数量峰值出现在 21 世纪中叶并随后下降，新的更高效的技术被迅速引进。主要特征是：地区间的趋同、能力建设以及不断扩大的文化和社会的相互影响，同时伴随着地域间人均收入差距的实质性缩小。A1 情景族进一步划分为 3 组情景，分别描述了能源系统中技术变化的不同方向。以技术重点来区分，这 3 种 A1 情景组分别代表着化石燃料密集型（A1FI）、非化石燃料能源（A1T）以及各种能源之间的平衡（A1B）（平衡在这里定义为：在所有能源的供给和终端利用技术平行发展的假定下，不过分依赖于某种特定能源）。

A2 情景族描述了一个很不均衡的世界。主要特征是：自给自足，保持当地特色。各地域间生产力方式的趋同异常缓慢，导致人口持续增长。经济发展主要面向区域，人均经济增长和技术变化是不连续的，低于其他情景的发展速度。

B1 情景族描述了一个趋同的世界：全球人口数量与 A1 情景族相同，峰值也出现在 21 世纪中叶并随后下降。所不同的是，经济结构向服务和信息经济方向迅速调整，伴之以材料密集程度的下降以及清洁和资源高效技术的引进。其重点放在经济、社会和环境可持续发展的全球解决方案，其中包括公平性的提高，但不采取额外的气候政策干预。

B2 情景族描述了这样一个世界：强调经济、社会和环境可持续发展的局地解决方案。在这个世界中，全球人口数量以低于 A2 情景族的增长率持续增长，经济发展处于中等水平，与 B1 和 A1 情景族相比，技术变化速度较为缓慢且更加多样化。尽管该情景也致力于环境保护和社会公平，但着重点放在局地和地域层面。

对于 A1B、A1FI、A1T、A2、B1 和 B2 这 6 组情景，各自选择了一种情景作为解释性情景，所有的情景均应被同等对待。

SRES 情景不包括额外的气候政策干预，这意味着不包括明确假定执行《联合国气候变化框架公约》或《京都议定书》排放目标的各种情景。B1、A1B 和 A2 情景已成为模式比较研究中的焦点，很多的研究结果在第四次评估报告中进行了评估。

三、中国沿海的海平面上升

海平面变化具有明显的趋势性和波动性，趋势性表示海平面长期变化的总体的趋势，波动性是由若干周期性和随机变化组成的。中国沿海海平面变化波动较大，是因为中国沿海属于陆架海，海平面变化受局地环境影响较大，但总体上呈明显的上升趋势。

（一）相对海平面上升

与全球平均海平面变化即绝对海平面变化相比，区域性的海平面变化有很大的不同，局地相对海平面上升具有区域性或局地性特征。相对海平面变化包括两个部分：一是全球海平面上升；即绝对海平面上升，二是地壳垂直运动和地面沉降。例如，斯堪的纳维亚半岛的陆地上，在过去 100 年内升高了 1 米。这是因为在 1 万年以前，最近一次冰期后大陆的冰盖收缩，出现了冰川地壳反弹，引起陆地上升和相对海平面下降。相反，密西西比河三角洲地区，由于地面沉积物的压实，补充沉积物减少，造成地面沉降和相对海平面上升。这与我国的长江三角洲、黄河三角洲和渤海湾沿海地区相类似。

我国沿海特大型城市发展迅猛，大型建筑物密集和地下水过量开采，加剧了地面沉降，是引起当地海平面相对上升的另一主要原因。表 1-4 列出了一些沉降的数字，从表中可以粗略地看出，这些省市沿海地区的地面沉降是非常明显的，地面沉降的速度远远大于海平面上升的速度，它们对沿海地区相对海平面上升起到了决定性的作用。其中沿海的上海、天津等大城市地面沉降的现象最为明显。

表 1 - 4　全国沿海地区地面沉降情况统计说明（段永侯等，1993）

省（区、市）	简要说明
上海	上海市地面沉降始于 1920 年，至 1964 年已发展到最严重的程度，最大降深 2.63 米。目前地面正在以 15 毫米/年的速度下沉
天津	自 1959 年始，除蓟县山区外，1 万多平方千米的平原区均有不同程度的沉降，形成市区、塘沽、汉沽 3 个中心，最深达 2.916 米，最大速率 80 毫米/年
江苏	自 20 世纪 60 年代初苏、锡、常三市分别出现沉降，到 80 年代末累计沉降量分别达 1.10 米、1.05 米、0.9 米，目前已连成一片。现最大沉积速率达 40～50 毫米/年、15～25 毫米/年、40～50 毫米/年
浙江	宁波、嘉兴两市自 20 世纪 60 年代初开始出现沉降，到 1989 年累计沉降量最大分别达 0.346 米、0.597 米。现最大速率分别达 18 毫米/年、41.9 毫米/年
河北	整个河北平原自 20 世纪 50 年代中期开始出现沉降，沧州沉降中心累积降深达 1.131 米，速率达 25.5 毫米/年
广东	20 世纪六七十年代湛江市出现地面沉降，最大降深 0.11 米，后由于控制地下水开采，沉降已基本得到控制
海南	20 世纪 90 年代发现海口市最大沉降量达 0.07 米，目前还没造成危害
福建	1957 年开始，福州市发现地面沉降，目前，最大累积沉降量达 678.9 毫米，速率 2.9～21.8 毫米/年

上海市自 1921 年明显出现地面沉降现象以来，至 1965 年市区地面平均下降 1.69 米，最大年均沉降量达 1.10 厘米。1965 年开始采用人工回灌措施，将地表水（自来水）直接灌入地下含水层，使地下水位抬高，从而恢复土层弹性，控制地面沉降。如今，上海市地面沉降从历史最高的10 厘米，到了目前控制的 1 厘米左右，1966—2003 年全市地面沉降累计为 0.248 米，每年平均下降不足 1 厘米，控制沉降效果显著。但应当十分关注的是，即使是这样的沉降速率，仍然是中国沿海海平面平均上升速率的近 4 倍。

1999 年天津沿海地区地面沉降量为 1.2 厘米，2001 年至 2003 年间，年沉降率也达到厘米级，部分地区多年累计沉降量较大，局部地区甚至低于平均海平面，从而加剧了该地区相对海平面上升。据天津市地质环境监测总站 1999 年度《天津市平原区地质环境监测年度报告》，天津塘沽中心城区 1999 年平均沉降值为 1.4 厘米；大沽沉降 0.9 厘米，最大年沉降值为 8.8 厘米；大港区 1999 年最大沉降值为 5.7 厘米；海河下游工业区 1999 年最大沉降值为 7.1 厘米。多年来，由于天津新港超采地下水，从 1958 年到 1992 年这里地面下沉了 58 厘米，港口防潮能力明显减弱。

浙江杭嘉湖、宁奉、温黄三平原地区因地下水开采过量使地面沉降严重，其中，杭嘉湖平原出现沉降迹象的地区有 2 500 平方千米，最大沉降点在嘉兴城区，中心累计沉降达 86 厘米；宁波城区沉降中心累计量达 48.9 厘米，温黄平原的路桥—金清一带最大沉降中心累计超过 100 厘米。宁波平原沉降面积 150 平方千米，近年来虽已大量压缩地下水开采量，但其平均沉降速率每年也在 1 厘米左右。

（二）海平面上升观测事实

中国沿海的海平面整体上呈波动上升趋势（图 1 – 10），近 30 年来平均上升速率为 2.6 毫米/年，高于全球平均水平。沿海各海区中，东海海平面平均上升速率较高，达 2.9 毫米/年，渤海、黄海和南海分别为 2.3 毫米/年、2.6 毫米/年和 2.7 毫米/年（图 1 – 11）。20 世纪 80 年代以后，海平面的上升趋势明显，但也有明显的地区性差异，不同岸段观测到的海平面上升速率不尽相同（图 1 – 12），主要是由于沿海地区地壳垂直运动或地面沉降影响的结果，各沿海地区海平面上升速率见表 1 – 5。

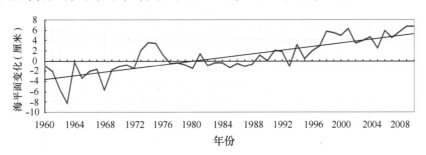

图 1 – 10 中国沿海历史海平面变化曲线

近 30 年，中国沿海海平面的年代际变化呈明显上升趋势。自 2001 年以来，中国沿海的海平面总体处于历史高位，2001—2010 年的海平面比 1991—2000 年高约 25 毫米，比 1981—1990 年高约 55 毫米（图 1 – 13）。

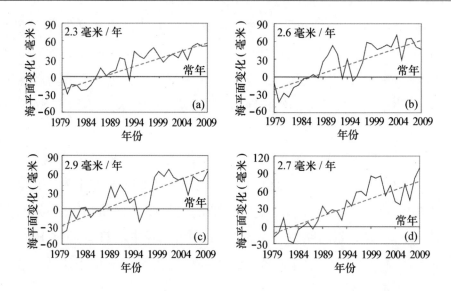

图 1-11 渤海（a）、黄海（b）、东海（c）及南海（d）的年平均海平面
变化及平均上升速率

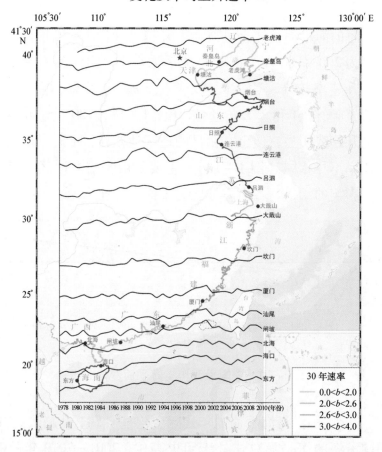

图 1-12 中国沿海主要监测站海平面变化（引自《2010 年中国海平面公报》）

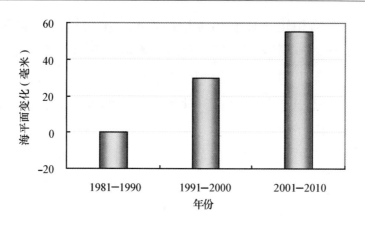

图1-13 中国沿海海平面年代际变化

表1-5 中国沿海地区海平面平均上升速率　　　单位：毫米/年

海域	速率
辽东半岛东部沿海	1.4
辽东湾沿海	1.6
河北沿海	1.0
天津沿海	1.7
山东半岛北部沿海	2.5
山东半岛南部沿海	1.7
江苏北部沿海	2.4
江苏南部沿海	3.0
上海沿海	3.3
浙江沿海	1.6
福建沿海	1.5
广东东部沿海	2.2
广西沿海	1.8
海南东部沿海	3.6
海南西部沿海	2.4
中国沿海	2.6

　　从全球尺度来看，过去100年全球海平面上升了18厘米，但世界各地相对海平面的上升情况不尽相同。从中国沿海10个长期验潮站的年平

均海平面变化趋势中也可以看出类似的情况。中国沿海从北到南的秦皇岛、塘沽、烟台、连云港、坎门、厦门、香港、闸坡、东方、北海 10 个较长期验潮站的年平均海平面曲线可以得出，20 世纪 70 年代后，10 个站海平面变化均呈上升趋势，但上升速率的变化幅度较大，为 0.3 ~ 2.7 毫米/年，这说明相对海平面变化的区域性十分明显。

30 多年来，长江三角洲地区的海平面上升了约 104 毫米。长江三角洲地势低平，完全依靠海岸防护工程保护，加之地面沉降等因素引起的相对海平面上升速率较大，使长江三角洲地区成为受海平面影响最为严重的地区之一。珠江三角洲的海平面上升是全球海平面上升、地区构造升降和河口水位趋势性抬高等组合的结果。天津地区在我国经济发展中占有十分突出的地位，但又是我国沿海环境极度脆弱的地区。近 30 年来海平面上升约 65 毫米，在其相对海平面上升影响因子中，贡献率最大的是地面沉降，其中人为引起地面沉降给该地区带来严重危害，已成为不容忽视的地质灾害。

第二章　海平面上升的分析预测方法

科学地分析海平面变化规律和预测未来的海平面上升情况，有助于识别海平面上升的风险，是海平面上升风险评估中不可或缺的重要组成部分。本章主要介绍常用的海平面分析预测方法及其研究进展情况。

全球气候变暖引起的海平面上升，给人类生存环境造成巨大的威胁，引起世界沿海各国科学家和政府的高度关注。自 20 世纪 80 年代以来，气候变化与海平面上升逐渐成为国内外科学研究的热点问题，诸多数理统计方法被引入海平面变化速率计算中。近年来，随着对海平面上升机理认识的深入和计算机技术的发展，多因子预测和数值预测方面也取得了长足的进展。

一、统计预测

海平面变化统计分析方法主要有随机动态、经验模态分析、灰度与 Barnett 等模型。本书采用的随机动态模型是一种非常实用而高效的分析方法，尤其适用长时间序列海平面资料，目前已经广泛应用于海平面变化分析预测。

（一）随机动态模型

随机动态分析预测模型利用功率谱分析方法寻找海平面变化周期，使用 F 检验法确定周期的显著性，根据残差序列性质，建立海平面上升缝隙预测的模型。

某一时间序列 $Y_i(t)$［记为 $Y(t)$］，设有 N 个月均海平面计算，将其分解为下面的叠加形式：

$$Y(t) = T(t) + P(t) + X(t) + \alpha(t) \qquad (2-1)$$

其中，$Y(t)$ 为月海平面值；$T(t)$ 为确定性趋势项；$P(t)$ 为确定性的周期项；$X(t)$ 为一剩余随机序列；$\alpha(t)$ 为白噪声序列。

只要找出序列中确定性部分和随机性部分的具体表达形式及系数,即可对原始数据进行拟合并采用外推进行预报。

1. 确定性部分模型

对于确定性的 $T(t)$,取趋势项为二次多项式:

$$T(t) = A_0 + B_0 t \qquad (2-2)$$

其中,A_0 为起始月 ($t=0$) 的海平面,B_0 为待定的海平面的线性变化速率。假设在序列中找到了 k 个周期项,则周期项为:

$$P(t) = \sum_{i=1}^{k} \left[a_i \cos(\frac{2\pi}{T_i}t) + b_i \sin(\frac{2\pi}{T_i}t) \right] \qquad (2-3)$$

其中,a_i、b_i 为与周期 T_i 相对应的待定系数,它们与该周期的振幅 A_i、初相 ϕ_i 的关系为:

$$A_i = (a_i^2 + b_i^2)^{1/2}$$
$$\phi_i = \tan^{-1}(a_i/b_i)$$

从而初步模型可写为:

$$Y(t) = A_0 + B_0 t + \sum_{i=1}^{K} \left[a_i \cos(\frac{2\pi}{T_i}t) + b_i \sin(\frac{2\pi}{T_i}t) \right] \qquad (2-4)$$

序列中隐含的周期用最大熵谱方法寻找。理论上,要求解得到精确的趋势项,就要求数据中的周期项尽可能地消除,而要求出真实的周期,就必须将数据平稳化,因而就要去掉趋势项。解决此问题的方法是:将线性趋势和周期求出后,将原始数据中的周期部分去掉,求出剩余数据中的趋势项,将这一趋势项代回原始数据中,从中去掉该趋势项,这样得到的数据将比上一次的数据更接近平稳的要求,对这一序列进行周期分析,从而可以得到较上次更理想的周期。这种过程可以继续下去,直到通过平稳性检验。

2. 寻找周期

周期的寻找极为重要,试算表明,找出的周期准确与否与拟合误差(尤其是预测误差)有很大的关系。为此,通过试验多种寻找周期的方法,诸如功率谱分析法、周期图法、方差分析法等,最终确定用功率谱分析方法寻找周期比较理想。功率谱常用的算法有两种:一是直接计算;二是落后自相关方法。

1）直接计算方法

就是利用谐波分析方法，计算不同阶数的谐波振幅，振幅大表示能量强，因此也称功率谱密度。

2）落后自相关方法

对一个时间序列先求其不同落后时间步长（τ）的自相关或者自协方差，然后对自相关或者自协方差函数进行谐波分析，以此来检测周期。如一个时间序列有5年周期，那么落后步长为5，10，15…时，自相关或者自协方差函数就会周期性地出现极大值，用谐波能很好地检测出来。如果落后步长取得较长的话，会提高对低频部分的检测分辨率，但是计算落后相关使用的资料会变少，从而降低资料的自由度，从而影响结果可靠性。如果落后步长取得太短又不利于低频周期的检测。理论分析指出，落后步长可以取 $\frac{n}{10}$ ~ $\frac{n}{3}$，实际计算中常常取 $\tau = \frac{n}{3}$ 左右。计算出来的功率谱值如果有峰值，那么对应的周期可能明显，是否显著还需要进行显著性检验。根据所分析的原时间序列的特性判断是红噪声谱还是白噪声谱，然后分别用不同的方法进行检验。

具体计算步骤如下。

决定最大落后步长（$\tau = M$），计算落后自相关系数：

$$R(\tau) = \frac{1}{n-\tau} \sum_{t=1}^{n-\tau} \left(\frac{y_t - \bar{y}}{\sigma_y} \right) \left(\frac{y_{t+\tau} - \bar{y}}{\sigma_y} \right), \text{其中,} \tau = 0, \cdots, M \quad (2-5)$$

计算功率谱粗谱密度：

$$\hat{S}_k = \frac{B_k}{M} \left[R(0) + 2 \sum_{\tau=1}^{M-1} R(\tau) \cos\left(\frac{\pi k \tau}{M} \right) + R(M) \cos(\pi k) \right] \quad (2-6)$$

其中，系数 B_k 为：

$$B_k = \begin{cases} 1 & k = 1, \cdots, M-1 \\ 1/2 & k = 0, M \end{cases}$$

计算平滑功率谱密度值。式（2-6）中 $\hat{S}_k$ 为功率谱粗谱密度值，通常还有对其进行平滑处理来消除随机噪声的影响，以便得到比较光滑和平稳的谱密度值。平滑的方法有很多种，包括 Barlett 窗方法（矩形或者三角形窗）、Hanning 窗方法、Hamming 窗方法等。用不同的方法结果会有所不同，但是得到的谱密度值不会有本质的改变。

3. 周期显著性检验

对功率谱方法找出的周期中可能有伪周期；在此我们采用方差的 F 检验法对所有找到的周期进行显著性检验。

对初始模型 $Y(t) = A_0 + B_0 t + \sum_{i=1}^{K} [a_i \cos(\frac{2\pi}{T_i}t) + b_i \sin(\frac{2\pi}{T_i}t)]$ 中的第 K 个周期进行显著性检验，相当于检验假设 $a_i = b_i = 0$ 是否成立，令

$$S_0 = \sum_{t=1}^{N} \left\{ Y(t) - \left[A_0 + B_0 t + \sum_{i=1}^{K} \left(a_i \cos(\frac{2\pi}{T_i}t) + b_i \sin(\frac{2\pi}{T_i}t) \right) \right] \right\}^2$$

$$S_1 = \sum_{t=1}^{N} \left\{ Y(t) - \left[A_0 + B_0 t + \sum_{i=1}^{K-1} \left(a_i \cos(\frac{2\pi}{T_i}t) + b_i \sin(\frac{2\pi}{T_i}t) \right) \right] \right\}^2$$

$$(2-7)$$

则

$$F = \frac{S_1 - S_0}{2} \bigg/ \frac{S_0}{N - (2K+2)} \qquad (2-8)$$

服从自由度为 $(2, N-2K-2)$ 的 F 分布，对给定置信度 α，若 $F > F_\alpha$ 则拒绝原假设，即第 K 个周期显著；反之，则认为第 K 个周期不显著。关于线性速率和加速度项可类似地进行 F 检验。

如果共找到了 K 个显著周期，则可得到 N 个月均值 $Y(t)$，确定 N 个方程

$$Y(t) = A_0 + B_0 t + \sum_{i=1}^{K} [a_i \cos(\frac{2\pi}{T_i}t) + b_i \sin(\frac{2\pi}{T_i}t)] \qquad t = 1, 2, \cdots, N$$

$$(2-9)$$

在最小二乘法的意义下解此方程，即可得到待定系数 $A_0, B_0, B_1, a_i, b_i, i = 0, 1, \cdots, K$。

4. 残差序列性质的检验

确定性部分求得后，从原始数据中去掉它，便得到残差序列：

$$Y'(t) = Y(t) - \left\{ A_0 + B_0 t + \sum_{i=1}^{K} [a_i \cos(\frac{2\pi}{T_i}t) + b_i \sin(\frac{2\pi}{T_i}t)] \right\}$$

$$(2-10)$$

此残差序列因已去掉确定性部分，可认为是一随机序列，在应用次序列进行建模之前，需先进行平稳性、正态性和独立性检验。

1）平稳性检验

随机序列可分两大类：平稳和非平稳的。由平稳序列定义可知，检验时间序列的平稳性即是检验其均值和方差是否为常数及其协方差函数是否与时间间隔有关。检验方法有参数检验和非参数检验，我们选用后者，其方法如下。

将序列 $Y'(t)$ 按时间序列截成 K 段，每段长为 M，即 $N = K \times M$（M 应取较大的整数）。这样便得到 K 个等长小序列：

$$Y'_{ij} = Y'_{(i-1)M+j} \quad (i = 1,2,\cdots,K;j = 1,2,\cdots,M) \quad (2-11)$$

令 $\overline{Y'_i} = \dfrac{1}{M} \sum_{j=1}^{M} Y'_{ij}$，得到统计量 $\overline{Y'}_1, \overline{Y'}_2, \cdots, \overline{Y'}_k$。

定义随机变量 $a_{ij} = \begin{cases} 1 & \text{当 } 1 < j \text{ 时}, \overline{Y'_i} > \overline{Y'_j} \\ 0 & \text{其他} \end{cases}$，则统计量 $A =$

$\sum_{j=1}^{k-1} \sum_{i=i+1}^{k} a_{ij}$。当 k 足够大时（$k > 10$），统计量 $u = \dfrac{A + \dfrac{1}{2} - \dfrac{1}{4}K(K-1)}{\sqrt{(2K^3 + 3K^2 - 5K)/72}}$

渐近服从 $N(0,1)$ 分布。对给定的 α，若 $u < N_\alpha$ 则序列平稳，反之不平稳。

2）正态性检验

采用峰度、偏度检验法判断序列的正态性：

$$\text{偏度系数}: g_1 = \mu_3 / (\mu_2)^{3/2} \quad (2-12)$$

$$\text{峰度系数}: g_2 = \mu_4 / (\mu_2^2) - 3 \quad (2-13)$$

其中，

$$\mu_k = \frac{1}{N} \sum_{t=1}^{N} Y'_t \quad (k = 2,3,4)$$

在正态白噪声假定下，当 N 充分大时（$N > 100$），根据中心极限定理，可推出统计量

$$\overline{g}_1 = \sqrt{\frac{N}{6}} g_1 \quad (2-14)$$

$$\overline{g}_2 = \sqrt{\frac{N}{24}} g_2 \quad (2-15)$$

渐近服从 $N(0,1)$ 分布，若取信度 α，则当 $|\overline{g}_1| > N_\alpha$ 或

$|\bar{g}_2| > N_\alpha$ 时拒绝序列为正态的假定。

3）独立性检验

采用模型残量的自相关检验法判断序列的独立性，令

$$R(K) = \frac{1}{N}\sum_{t=1}^{N-K} Y'(t)Y'(t+k) \qquad (2-16)$$

$$\rho(k) = R(k)/R(0) \qquad (2-17)$$

可以证明，当 $N \to \infty$ 时，$\sqrt{N\rho(k)}$（$k = 1,2,\cdots,K$）依概率收敛于 k 个独立正态 $N(0,1)$ 分布的随机变量。当 $N \gg K$ 时，$Q_k = N\sum_{k=1}^{K}\rho^2(k)$ 为自由度以 K 的中心 χ^2 分布。取信度 α，当 $Q_k > \chi^2_{k\alpha}$ 时拒绝独立的假设，反之接受。

5. 建立模型及其求解

通过对原始序列进行最大熵谱分析，以线性最小二乘法拟合了各确定性部分的系数并对残差序列建立了随机动态模型：

$$Y(t) = A + B_0 t + \sum_{i=1}^{M}\left[a_i\cos\left(\frac{2\pi}{T_i}t\right) + b_i\sin\left(\frac{2\pi}{T_i}t\right)\right]$$

$$+ \sum_{j=1}^{p}\phi_j Y'(t-j) + a(t) \qquad (2-18)$$

其中，$Y'(t) = Y(t) - \left[A + B_0 t + \sum_{i=1}^{M}\left(a_i\cos\frac{2\pi}{T_i}t + b_i\sin\frac{2\pi}{T_i}t\right)\right]$

对此模型，前面计算出的参数值已不再适用，但这些参数值可作为初值，进行非线性最小二乘迭代来求得模型的参数值。一般采用带阻尼因子的高斯－牛顿法（阻尼最小二乘法）求解非线性系数。

（二）统计预测模型检验

中国沿海海平面监测资料序列相对较短，最长只有 50 多年。美国夏威夷火奴鲁鲁站自 1906 年开始进行海平面监测，资料长达 100 多年。利用该站海平面监测资料，能够有效地检验统计模型预测结果的准确性。

选取美国夏威夷火奴鲁鲁站最初 50 年（1906—1955 年）月平均海平面资料，利用随机动态模型计算各显著周期对应的振幅、迟角、线性项与其随机相系数，预测 50 年（1956—2005 年）海平面上升值。表 2－1 为

火奴鲁鲁站海平面上升统计预测的误差分析结果。

表 2 - 1　火奴鲁鲁站海平面预测误差统计

均方根误差（厘米）		2005 年海平面相对 1955 年上升高度		
后报 （1906—1955 年）	预报 （1956—2005 年）	实测（厘米）	预测（厘米）	相对误差
1.46	3.60	13.13	17.84	35.87%

图 2 - 1 为火奴鲁鲁站 1906—2005 年海平面变化实测值、后报值、预报值比较图。

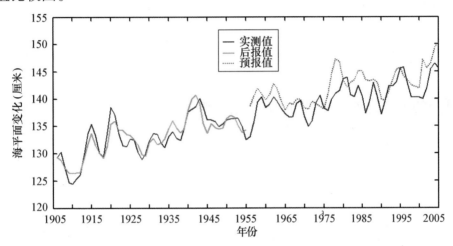

图 2－1　火奴鲁鲁站 1906—2005 年海平面变化曲线

从表 2 - 1 与图 2 - 1 可以看出：预测与实测结果总体符合良好，1956—2005 年海平面上升的预测相对误差小于 40%，后报和预报均方根误差小于 4 厘米，基本满足海平面统计预测的要求。

二、多因子预测模型

由于用数值模式预测未来海平面变化存在很大的不确定性，而传统的统计预测方法又通常不考虑相关物理过程，有必要通过分析海平面变化与相关影响因子之间的联系，研究可行的半经验方法预测模型，探讨多因子预测模型在海平面变化预测中的应用。

（一）主要影响因子分析

在全球气候变化背景下，中国近海海平面变化受局地环境要素影响明显，主要的影响因子包括温度、气压、海流、季风、径流、降水与蒸发以及地面沉降等。

1. 海温变化引起比容效应

中国沿岸水温存在显著的季节变化，其最高值出现在 7 月和 8 月，最低值出现在 1 月和 2 月，年较差北强南弱，为 10～25℃。在中国北部沿岸海平面高、低值出现时间与海温基本一致，南部沿岸则存在显著的位相差（图 2 – 2、表 2 – 2）。

近 40 年，中国近海表层水温呈上升趋势，其上升速率达 0.04℃/年，且海平面的年际、年代际波动与表层水温基本相同，表明海水温度变化对海平面的上升趋势与长周期波动均有影响（图 2 – 3）。

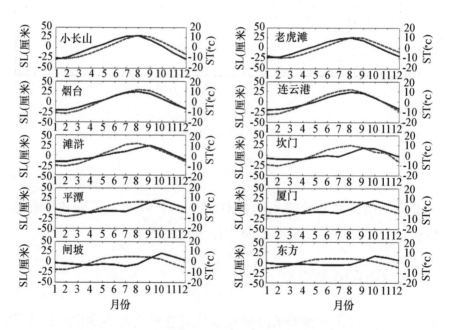

图 2 – 2　中国沿岸部分台站海温与海平面季节变化

第二章　海平面上升的分析预测方法

表 2-2　中国沿岸部分台站表层水温季节变化与线性速率

台站	年变化		半年变化		逐年月均高、低海面发生时间		海温变化趋势	
	振幅（℃）	初相角（deg）	振幅（℃）	初相角（deg）	季节最高海温发生时间（月）	季节最低海温发生时间（月）	时间序列长度（年）	速率（℃/年）
小长山	11.2	-151.0	0.9	-87.8	2	8	1970—2006 年	0.032
老虎滩	9.8	-159.5	0.6	-64.5	2	8	1980—2006 年	0.033
烟台	11.5	-145.9	0.9	-118.1	2	8	1980—2006 年	0.025
连云港	12.1	-137.7	0.7	-113.6	1	8	1970—2006 年	0.024
滩浒	11.1	-144.1	0.1	-84.0	2	8	1978—2006 年	0.112
坎门	10.1	-143.5	0.3	-77.4	2	8	1970—2006 年	0.058
平潭	7.4	-148.1	0.6	156.6	2	9	1970—2006 年	0.034
厦门	7.6	-144.8	0.2	134.0	2	8	1970—2006 年	0.036
闸坡	6.9	-133.0	1.0	-179.6	1	7	1970—2006 年	0.032
东方	4.9	-121.7	1.0	-157.6	1	6	1970—2006 年	0.029

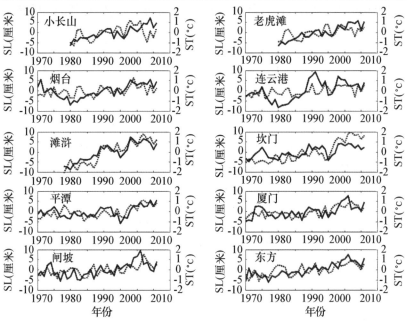

图 2-3　中国沿岸部分台站 1970—2006 年年均海温与海平面变化

1）比容海平面季节变化及影响

基于 ISHII（2005）海温数据，利用一维热膨胀模型，计算中国近海比容海平面变化。中国近海比容海平面变化存在显著的季节信号，其变幅

33

达 14 厘米。受海水比容效应的影响，海平面 8 月抬升了 7 厘米左右，2 月
下降了约 6 厘米，见图 2-4。

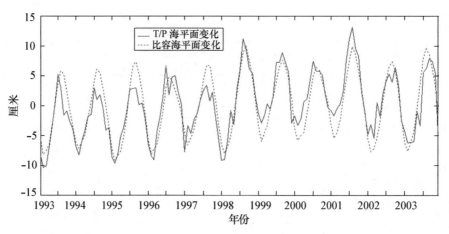

图 2-4 1993—2003 年中国近海月均比容海平面与海平面变化

中国各海区海水比容变化对海平面季节变化的影响具有明显的区域特
征。如图 2-5 所示，冬季 2 月，渤海平均下降 3 厘米，黄海 5~6 厘米，
东海与南海北部 6~7 厘米。而夏季 8 月，渤海平均上升 6 厘米，黄海与
东海约为 9 厘米，而南海北部上升 4 厘米左右。

2）1993—2003 年比容海平面年际与趋势变化及影响

除季节变化外，中国近海比容海平面还具有明显的上升趋势与年际变
化，其线性上升速率为 2.8 毫米/年，对 TP 海平面上升趋势的贡献达
51.9%，见图 2-6。

受水深等因素的影响，中国不同海区海水比容变化对海平面上升的贡
献存在显著差异。南海的贡献最大，达 93.1%；黄海与东海次之，分别
为 51.4% 和 30.6%；渤海最小，仅为 2.5%。

比容与 T/P 海平面上升趋势的空间分布特征存在一定差异。T/P 海
平面的最大上升区在南海北部、台湾岛的东部和北部以及日本海的南
部，最大上升速率为 8.5 毫米/年，比容海平面的最大上升区在南海东
北部与日本九州岛的西南，但是在冲绳岛的东南有一明显的较大负值
区，见图 2-7 和图 2-8。

3）中国近海比容海平面长期变化趋势

如图 2-9、图 2-10 所示，1945—2003 年间，中国近海比容海平面

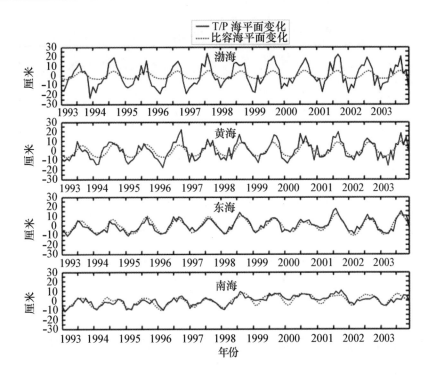

图 2 - 5　渤海、黄海、东海与南海（北部）1993—2003 年比容与 T/P 月均海平面变化

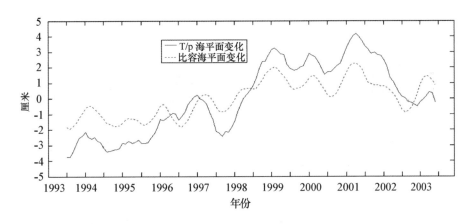

图 2 - 6　1993—2003 年中国近海比容与 T/P 海平面年际与趋势变化

具有明显的上升趋势，其线性上升速率为 0.2 毫米/年。这种变化并不是单调的，1968 年以前比容海平面呈下降趋势；1967—1975 年，比容海平面迅速上升，速率约为 7 毫米/年；1980 年后开始下降，约在 1990 年前后达到了一个相对极小值；1990 年后又呈上升趋势，并一直保持到现在（2003 年），其速率超过 3 毫米/年。

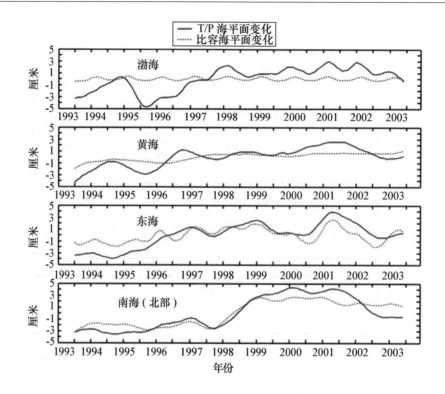

图 2-7 1993—2003 年渤海、黄海、东海与南海（北部）比容与 T/P
海平面年际与趋势变化

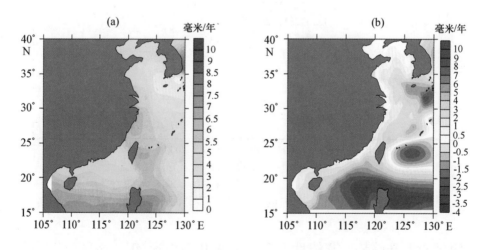

图 2-8 1993—2003 年中国近海海平面上升速率

（a）T/P 海平面；（b）比容海平面

1995—2003 年间，中国近海比容海平面线性变化趋势的空间分布极
不均匀，具有很强的区域特征，而且与近 10 年的区域特征明显不同。台

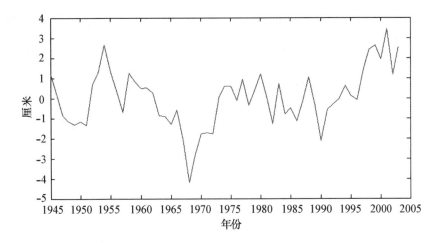

图 2 - 9 1945—2003 年比容海平面年际与趋势变化

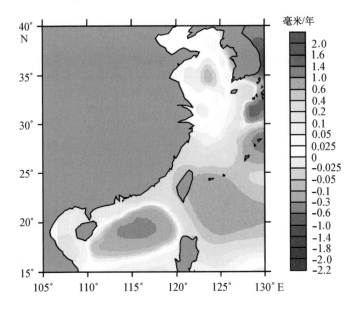

图 2 - 10 1945—2003 年中国近海比容海平面上升速率分布

湾与琉球群岛以东海域为比容海平面显著上升区，其核心值超过了 1.2 毫米/年；而显著下降区位于南海东北部海域，其核心值达到了 −1.0 毫米/年。除北黄海与长江口外，中国北部海域多为比容海平面上升区，但变化趋势很弱。

2. 气压效应

大气压力效应也是引起水位季节变化的主要原因之一。大气静压效应，一般来说，气压变化1百帕，水位将反向变化1厘米，为此，用各点的月均气压与海区多年平均气压的偏差来估算静压水位是一种良好的近似。冬季，由于高压系统的影响，使得中国近海静压水位出现北低南高的分布规律：渤海静压水位降低达10厘米左右，黄海7~8厘米，向南依次减少，到南海北部只有4~5厘米。夏季，整个海区气压分布虽然比较均匀，但仍然呈现出北低南高的趋势，静压水位，渤海、黄海升高8~10厘米，东海升高6~8厘米，南海北部只有3~5厘米。

气压效应对区域海平面的年际与趋势变化也有一定影响。近40年，中国沿岸气压呈显著下降趋势（表2-3），其速率为-0.03百帕/年，对海平面上升趋势的贡献约为15%。气压的季节变化和年际变化与海平面变化反相，见图2-11和图2-12，表明海平面的长周期变化与气压密切相关。

表2-3　中国沿岸部分台站气压季节变化与线性速率

台站	年变化		半年变化		逐年月均高、低海面发生时间		气压变化趋势	
	振幅（百帕）	初相角（度）	振幅（百帕）	初相角（度）	季节最高气压发生时间	季节最低气压发生时间	时间序列长度	速率（百帕/年）
塘沽	12.1	72.9	0.8	-130.0	1月	7月	1970—2006年	-0.009 4
小长山	10.5	71.7	0.7	-148.0	12月	7月	1980—2006年	-0.033 3
老虎滩	10.9	70.9	0.90	-145.5	12月	7月	1980—2006年	-0.022 5
烟台	10.7	71.7	0.8	-144.2	12月	7月	1970—2006年	-0.014 2
连云港	11.3	70.4	1.1	-158.8	12月	7月	1970—2006年	-0.037 6
滩浒	10.4	67.7	1.1	174.4	12月	7月	1978—2006年	-0.008 3
坎门	9.7	65.5	1.0	167.3	12月	7月	1970—2006年	-0.111 8
平潭	8.4	61.9	0.9	161.6	12月	8月	1970—2006年	-0.061 0
汕尾	7.7	62.8	0.8	150.6	12月	8月	1970—2006年	-0.026 9
东方	6.9	68.3	0.7	141.2	12月	8月	1970—2006年	-0.022 1

3. 海流影响

中国近海的基本流系为黑潮和季风流，在东部近海以前者为主，见图2-13，南部近海以后者为主。

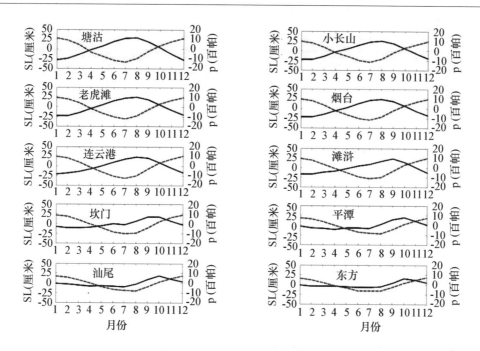

图 2-11　中国沿岸部分台站气压与海平面季节变化

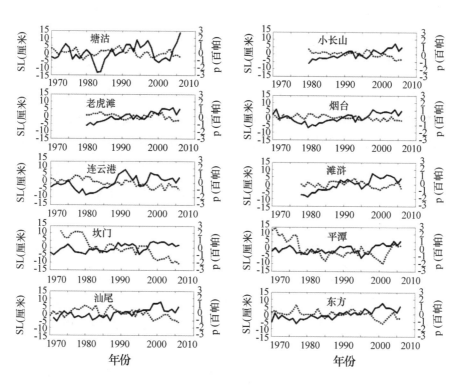

图 2-12　中国沿岸部分台站 1970—2006 年年均气压与海平面变化

(a) 冬季　　　　　　　　　　　　　　　(b) 夏季

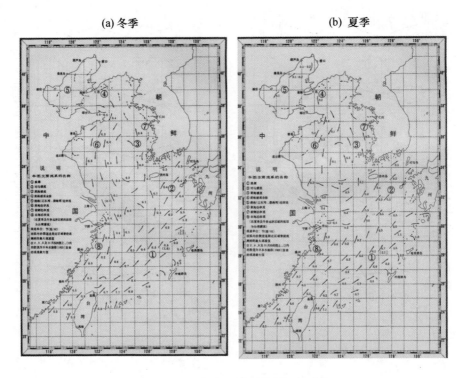

图 2－13　东中国海表层海流系统

（引自《渤海、黄海、东海海洋图集》）

黑潮在东海的平均流量约为 3 000 万立方米/秒，为长江径流的 1 000 倍。黑潮的流速和流量有明显的季节变化，春、秋较强，冬、夏较弱，有半年周期。这是东海区海平面半年变化较强的原因之一。黑潮年际变化较大，为 1 900 万～4 200 万立方米/秒。1988 年冬季东海黑潮流量达 2 980 万立方米/秒，夏季也高达 2 930 万立方米/秒，致使中国东部海平面明显升高。

从 5 月起台湾海峡的海流一般均向东海流动，6 月起，浙闽沿岸、台湾海峡和 30°N 以南流向一致，均向北或东北流动。这一动力学条件，使得注入东中国海的径流基本保持在本海区，形成环流并构成当地水团。这是夏、秋季东中国海出现高水位的一个原因。冬季，东海的黑潮主干仍向东北流去，但中国沿岸流十分强盛，它从黄海流向南海，东中国海的水体大量流失，从而使其水位降低。从 10 月起，台湾海峡的表面流已转向西南流入南海，一直到翌年 2 月、3 月为止。

南海盛行东北季风与南或西南季风，其相应的流场正好相反。4 月和

5月及9月和10月是季节的转向期。以20°N为例,10月至翌年3月东北季风盛行,而5—8月则南风盛行。在0~18°N地区,7月、8月和9月西南风盛行。9月和10月随着风场的转变,流场也逐渐倒转过来,这种变化是从北向南逐次推迟的。初期南海北部已转为西南流,而南海中部、南部仍有东北流的势力。上述西南流在其前进右方的水量运输导致了广东东南沿岸水位10月出现最高值。到12月整个南海亚洲大陆一侧的流场转为西南或东南流动时,南海北部水位则明显下降。在南或西南季风盛行的月份,整个流场朝向东北,而海流导致水量离岸运输,从而使广东沿岸5月、6月和7月水位下降。

4. 季风引起的增减水效应

季风是中国近海气候的主要特征。一般来说,冬季海上一般以偏北风为主,风力强且持续时间长,夏季盛行南、西南与东南风,强度稍弱些。在盛行风的作用下,表面风海流将随季风的变化而变化。风增水以及向北流动的海流,是维持黄海、渤海、东海夏季出现高水位的一个基本动力。由于冬季受强盛的北或西北风的作用,使大量水体南下而流往南海,从而使黄海、渤海、东海冬季出现最低值。冬季风减水效应使渤海大约降低了10厘米量级的水位,黄海为6~8厘米。

5. 径流影响

关于径流量,据鸭绿江、辽河、海河、黄河、长江、钱塘江、瓯江、闽江、韩江、珠江等不完全统计,年径流量均超过1.5万立方米。其中,流入渤海的年径流量达754亿立方米,大约能使渤海的水位升高0.9米;在中国31°N以北入海的河流都是7月和8月径流量最大,这无疑是使黄海、渤海与东海北部夏季出现高水位的一个原因。浙江、福建6月和7月及广东5月和6月径流量有一次高峰,因而,这些海区的水位5月和6月相应地出现一次小的峰值。华南地区雨季长,8月入海径流还有一次高峰。这种情况对水位的季节变化都有一定的影响。

径流对河口区海平面的年际变化存在显著影响。1963年和1978年,受长江径流量偏小的影响,高桥站平均海平面分别较常年(1975—1993年)偏低14厘米和8厘米;而1998年长江流域遭遇特大洪水,造成高桥海平面相对常年异常偏高达25厘米。1963年,珠江入海的径流量只有多年平均的 39%，珠江口海域平均海平面较常年偏低 10 厘米；而 2001 年珠江流域异常多雨，珠江口海域平均海平面较常年偏高 10 厘米。

6. 降水与蒸发

渤海、黄海与东海降水主要集中在 7 月和 8 月，降水量从北向南递增。南海以 7—10 月为最多，其他月份均较小。降水量的这种分布规律，对该海区的水位变化会有一定影响，但这不是主要因素。

7. 地面沉降

地面沉降的主要原因是开采地下流体与地面压实效应。随着人类活动的加剧，由人类不合理地抽取地下水与大型建筑密度的增加而导致的地面标高损失已成为影响相对海平面变化的最主要的因素之一。

上海市自 1921 年发现地面沉降至 1965 年未采取措施前，中心城区平均下降了 1.76 米，最大累积沉降量为 2.63 米（西藏中路北京路口），其中 1957—1961 年市区年平均沉降速率为 110 毫米/年，使市区地面标高已低于 1974 年黄浦江最高水位 2 米左右；1966—1985 年在压缩开采、调整开采层次的同时，采取大面积地人工回灌等措施，地面沉降得到基本控制，年均沉降速率仅为 0.9 毫米/年；1986 年以后，随着社会经济的快速增长，周边地下水用量的增加及大规模市政建设的进行，1986—1996 年平均沉降量增至 10.2 毫米/年。

天津市塘沽区最大沉降区位于上海道与河北路交叉处，自 1959 年到 1997 年其累计沉降量值达 3.07 米，已低于平均海水面 0.74 米，其附近地区共有 8 平方千米面积低于平均海水面。海河防潮闸已累计沉降 1.4 米，防潮堤年均沉降速率为 15 毫米。《天津市地面沉降年报 2005》显示，塘沽区 2005 年均沉降 20 毫米，比 2004 年增加 4 毫米；天津经济技术开发区年均沉降 26 毫米，比 2004 年增加 8 毫米，保税区年均沉降 15 毫米，天津港地区年均沉降 17 毫米；汉沽区 2005 年均沉降亦为 20 毫米；大港区 2005 年均沉降 17 毫米。在滨海地区，防潮堤继续处于沉降状态，2005 年防潮堤部分区段已经接近或低于设防潮位。沿海地区地面的不断沉降，势必加速海平面的上升，加大海平面上升的影响。任美锷（1993）认为天津地区 1956—1986 年 30 年间理论海平面上升率为 1.5 毫米/年，地面沉降率为 23 毫米/年，所以相对海平面上升率为 24.5 毫米/年。

（二）半经验预测方法

中国近海海平面长期变化与全球气候变化密不可分，研究气温变化对全球海平面变化的影响，可以包含冰川融化引起的海水总量增加和盐度降低以及海水温度增加等因素，而海水温度和盐度变化又可引起海水比容变化对海平面上升产生综合影响。中国近海海平面变化不但具有局地特征，还受制于全球海平面的变化，因此研究海平面变化对气温变化的响应可为深入研究中国近海海平面长期变化规律及机制、预测全球气候变暖条件下未来中国近海海平面变化状况提供科学依据。

Rahmstorf（2007a）采用全球平均近表面气温估算海平面上升，以从1880年至今的全球平均气温和海平面变化为基础获得预测海平面上升的半经验模型，见图2-14，其中表面气温是气候模式可以准确预测的变量。

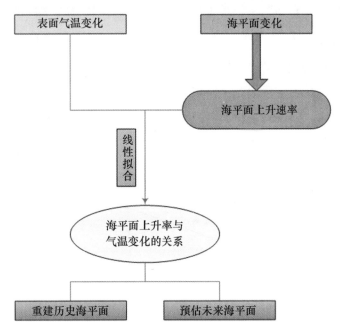

图 2 - 14　模型结构图（根据 Rahmstorf，2007 年整理，有部分修改）

气温的变化是气候变化的重要指标，IPCC 第四次评估报告指出：20世纪以来全球平均气温已经上升了近 0.8℃，造成南北极冰盖融化，大量淡水注入海洋，进而改变海水盐度；同时，全球气候变暖也使得海水温度上升，引起海水的热比容发生变化，这些都是导致海平面上升的重要因素。由此可见，气温变化和海平面变化有着较强的相关性，预测海平面变化应充分考虑气温的影响。

对模型预测结果的检验证明：在 10 年尺度上，无论是否为线性趋势该模型都是有效的（Rahmstorf，2007b；Holgate et al.，2007；Schmith et al.，2007）。Rahmstorf 采用 IPCC TAR 气候模式预测的表面气温，其预测的海平面上升范围要高于 IPCC AR4 的结论，考虑到 IPCC 预测的海平面上升要低于实际的观测，所以此结果可视为折中的结论。尽管该模型还没有直接包含非线性动力学过程产生的未来海平面极端变化的可能性，但由于以物理过程为基础预测海平面上升的模型还不成熟，半经验的模型可以作为一个实用的可选方案来评估未来海平面变化。

根据中国沿海 32 个长期验潮站的海平面变化数据，计算得到 1950 年至 2007 年中国近海海平面平均变化状况，并与气温变化数据进行拟合，拟合结果如图 2-15 所示。由此计算得到中国近海海平面上升速率与全球气温变化的相关系数为 0.940 3，线性拟合关系为 $Rate = 1.4 \times T + 2$。再根据此关系式预估未来 100 年海平面变化的结果，在不同的二氧化碳排放情景下，2100 年中国近海海平面将比 2000 年上升 28～64 厘米，平均上升 41.6 厘米，见图 2-16。此结果略高于 IPCC 第四次评估报告全球海平面

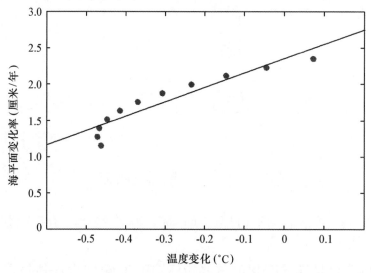

图 2-15　中国近海海平面变化率与全球气温变化拟合

点为海平面与海温拟合点，线为拟合后获得的斜率曲线

变化的预估，与中国沿海海平面上升略高于全球的结论相一致。

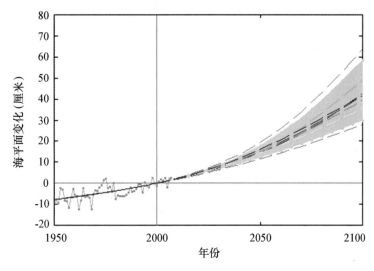

图 2 - 16　21 世纪海平面变化预估

红色点实线为观测结果，蓝实线为拟合结果，彩色虚线为六种 IPCC
情景下的预测结果，灰色区域为最大误差范围

中国近海海平面变化规律及预测是一个十分复杂的问题，中国近海的海平面变化不但受局地环境因素影响，还与全球气候变化和全球海平面变化密切相关，多因子预测模型应兼顾各种影响因子的作用，这些还有待进一步研究。

目前我国海平面统计预测采用随即动态模型为经验的数学统计模型，不包含物理过程和机制，而数值预测模型发展还不够完善不能有效地应用于海平面的长期预测，因此采用半经验的模型可以弥补这些不足，有助于充分认识中国近海海平面的变化规律。

三、数值预测

目前，很多关于海面高度的研究都是采取以模式结果与观测结果相结合的分析方法。关于海面高度变化的数值模拟，有的单纯用海洋模式作模拟，将海气边界层的动量、热通量和淡水通量以强迫场的形式加到海洋中，也有的研究使用海气耦合模式进行数值模拟。IPCC 第四次评估报告中综合了 20 多种海气耦合模式对过去、未来气候及海平面变化进行模拟，模拟结果在一定程度上有相似性，但在很多方面也存在较大的差异，这反映了模式中存在着系统不确定性。

由于数值模式对近岸的海平面模拟能力有限，对近岸海平面上升的预测仍以统计方法为主，所以本书不对海平面上升的数值预测方法进行详细的讨论和说明。

第三章 海平面上升对中国沿海地区的主要影响

在全球变化中，气候变暖和海平面上升对人类社会的影响最为严重。目前世界上有超过50%的人口生活在距海50千米以内的海岸地区，海岸地区平均人口密度较内陆高出10倍。研究表明，如果今后一个世纪海平面上升1米，直接受影响的土地将有500万平方千米，人口约10亿人，耕地约占世界的1/3。因此，世界各国政府、社会和科学界都十分关注海平面上升及其影响研究。

由于气候变化和海平面上升，海岸带会遭受更大风险，如海岸侵蚀加剧。这种影响将会因人类活动对海岸带地区的作用而加剧。面对海温上升，珊瑚更为脆弱，适应能力降低。当海表温度升高1～3℃，预计会导致更为频繁的珊瑚白化事件和珊瑚大范围死亡。包括盐沼和红树林的海岸带湿地，预估会受到海平面升高的负面影响，特别是在那些向陆地推移受到限制或缺乏沉积物的地区则更是如此。

到21世纪后半叶，由于海平面上升，预计数百万以上的人口会遭受洪涝之害。对那些适应能力相对较低的人口稠密和低洼地区，将面临诸如热带风暴或局地海岸带沉降方面的挑战，尤其面临着洪涝风险。受影响的人口数量在亚洲和非洲的大河三角洲地区最多，而小岛屿则会更加脆弱。

由于适应能力的限制，相比发达国家，发展中国家面临更严峻的挑战。气候变化和海平面上升给工业农业生产、人居环境和社会经济发展带来一定的负面影响，最脆弱的地区一般位于海岸带和江河洪泛平原地区，特别是那些城市化发展迅速的地区。在海岸带地区，特别是在南亚、东亚和东南亚人口众多的大河三角洲地区，由于风暴潮和洪涝增加，将面临最大的风险。当气候变化与自然资源压力以及与快速城市化、工业化和经济发展相联系的环境问题交织在一起时，预计会对亚洲大多数发展中国家的可持续发展带来冲击。

一、气候变化背景下的中国沿海海岸带影响状况

全球增暖对海洋变化的影响是非常深刻的，目前海洋已经并且正在吸收着80%以上增加到气候系统的热量，这些热量的再分配，已经使海洋的环流和热力状况发生变异，如南北极冰盖融化，北大西洋经向翻转流变弱等。全球海洋的变异，最后导致极端天气气候事件和海洋灾害的加剧，如海平面的升高，台风和厄尔尼诺事件强度的加强，海水入侵和海岸侵蚀等。同时，海温的上升还会导致海洋生态系统的灾害发生变化。

受气候变化影响以及沿海社会经济的快速发展，我国已成为世界上海洋灾害最频发、灾害程度最严重的国家之一。我国的海洋灾害种类较多，易受极端天气和海洋过程影响的灾害主要有风暴潮、巨浪、咸潮等，受全球大气和海洋增温影响的灾害主要有赤潮等，其他灾害如海岸侵蚀、海水入侵和土壤盐渍化等和海平面上升有密切的关系。

随着未来经济社会的快速发展，沿海地区开发强度持续加大，对海岸带及近岸海洋生态系统产生巨大的压力。沿海11个省、自治区、直辖市人口总数约为5.5亿人，人口平均密度约为700人/平方千米，人均国内生产总值约为3万元，岸线人工化指数达到0.38，上海、天津、浙江、江苏和广东的沿海地区已经处于高强度开发状态。

气候变化对中国沿海和海岸带的影响主要表现在三个方面：一是中国沿海海平面持续上升；二是各种海洋灾害发生频率和严重程度呈上升趋势；三是滨海湿地、珊瑚礁、红树林等生态系统的健康状况多呈恶化趋势。

近30年来，中国沿海海平面总体呈波动上升趋势，平均上升速率为2.6毫米/年，高于全球海平面平均上升速率。海平面上升是一种长期的、缓发性的气候变化表现，其威胁将长期存在，同时还对其他海洋灾害和生态系统退化等具有影响。

未来虽然登陆我国的台风频数不会有很大的增加，但强度会有所加强，再考虑到海平面上升引起的天文潮升高，预计我国重点地区的风暴潮灾害强度会持续上升，所造成的经济损失也会不断变大。

未来全国海岸带及近岸海域生态系统将继续出现不同程度的脆弱区。

高脆弱区和中脆弱区主要分布在砂质海岸、淤泥质海岸、红树林海岸等区域，主要位于海洋自然保护区、海水养殖区及鱼类产卵场等重要渔业水域。

（一）中国沿海海平面持续上升对沿岸低洼地区的威胁加大

海平面上升对沿岸地区最直接的影响是高水位时淹没范围扩大。我国海岸带海拔高度普遍较低，尤其是渤海湾沿岸、长江三角洲和珠江三角洲地区，海平面小幅度的上升将导致陆地大面积受淹。关于海平面上升造成的淹没损失大多是通过高程－面积法进行的粗略评估，即将陆地高程低于海平面的面积作为可能遭受损失的陆地面积，较少或没有考虑到海洋潮汐动态涨落的影响。海平面上升 100 厘米，长江三角洲海拔 2 米以下的1 500平方千米的低洼地将受到严重影响或淹没（任美锷，1999），海平面上升 70 厘米，珠江三角洲海拔 0.4 米以下的 1 500 平方千米的低地将全部受淹（李平日等，1993）；海平面上升 30 厘米，渤海湾西岸可能的淹没面积将达 10 000 平方千米（夏东兴等，1994），韩慕康（1994）估算出海平面上升 30 厘米，天津全市淹没面积将占全市面积的 44%，其中，塘沽、汉沽被淹面积达 100%；朱季文等（1994）估算出海平面上升 50 厘米，长江三角洲及苏北滨海平原地区潮滩与湿地损失率分别为 11% 和 20%；李从先（1993）则认为我国三角洲和沿海低地地区几乎都有围堤保护，海平面上升淹没沿海低地和造成损失的评估方法难以直接适用于我国的损失计算和评估，但同时这样会不断加重沿岸堤防的防护压力。

近几十年来，中国沿海地区的经济高速发展，农村快速城镇化，人口日趋向沿海高度集中，沿海地区在不断投入巨资建设大泊位现代化港口、核电站、石油化工基地、新兴经济开发区等，我国沿海处于脆弱与危险区域的面积有 14.39 万平方千米，常住人口逾 7 000 万人，约为全世界处于同类区域人口总数的 27%，气候异常一旦引发极端气候事件，发生严重的海洋灾害，将会带来不可估量的损失。由于海上能源开发、交通运输和渔业生产等各类经济活动的增加，以及海上安全容易被忽视而成为薄弱环节，海洋灾害所造成的人员伤亡和经济损失也相当严重。自 20 世纪 90 年代以来，极端天气过程和海洋灾害频发，沿海地区各类海洋灾害造成的经济损失，每年平均有 150 多亿元。"十五"期间，海洋灾害造成的直接经济损失达 630 亿元，死亡人数约 1 160 人。特别是 2005 年的海洋经济损失就有近 330 亿元，约占比同期海洋经济总产值的 2%，占全国各类自然灾害总损失的 16%。2008 年海洋灾害造成死亡 152 人，直接经济损失达 206 亿元。海洋灾害造成的经济损失在整体上呈明显的上升趋势。由此可见，极端气候事件加剧了海洋灾害的发生频率和程度，并使之成为制约我国沿海社会经济发展的重要因素。

1. 洪涝灾害趋于严重

由于热带洋面温度上升，气压下降，导致产生台风的机会增加。21 世纪下半叶在中国登陆的台风频率将比目前增加 2 倍。一方面台风增加，另一方面海平面不断相对上升。如果不采取有效防范措施，中国沿海地区将在 21 世纪中叶遭受严峻考验。事实上，我国沿海地区现在就经常遭受暴雨的"光顾"，海平面的上升，无疑将使局部地区直接受淹的危险增大。

地势低平的长江三角洲和苏北滨海平原，地处我国东部新构造运动沉降区，在其 5 224.8 平方千米的潮滩和 1 252 平方千米的湿地上，拥有具较高开发价值的自然生产力和种类丰富的生物资源。即使未来海平面相对上升量只有 50 厘米，该地区潮滩损失面积也将达到 304.8 平方千米。由于海平面相对上升导致低洼地排水能力下降，在汛期将造成大量洪水滞留腹地。初步估计，苏北里下河地区可能就有 30 亿立方米洪水无处外泄。而上海市区地势低平，夏秋暴雨强度较大，常常积涝成灾，未来海平面相对上升，将造成污水长期回荡，可能还会出现海水倒灌，威胁长江口沿岸和黄浦江上游水源地。2008 年 8 月，上海市遭遇百年一遇的暴雨袭击，徐家汇地区累计雨量分别高达 162 毫米，其中早晨 7 时至 8 时的一小时雨量达 117.5 毫米，成为自 1872 年有气象记录以来最多的一次。由于雨量过于集中，远远超过该市每小时 27 ~ 36 毫米的排水能力，造成全市 150 余条马路积水 10 ~ 40 厘米，1.1 万余户民居进水 5 ~ 10 厘米，多处立交桥因积水严重而临时封闭，虹桥机场 138 架航班延误。

据专家预测，平均高程仅为 2 米的天津地区，当洪季河水水位涨到 4 米时，天津市河东区将遭水淹，如果海平面继续上升，这些地区排水入海流量减小，时间延长，洪涝隐患加剧。

珠江三角洲平原河道纵横，地势低平，约有1/4的土地在地基高程0.4米以下，近一半在0.9米以下，主要靠堤围防护。海平面上升将使堤围标准降低，洪涝威胁加大，近10年来珠江流域降水偏少，水位抬高影响不显著，但要防范湿润多雨期、丰水年可能造成的重大灾害。广东沿海经常遭受风暴潮威胁，汛期洪水泛滥成灾，50年后如果海平面相对上升20厘米，则珠江三角洲的面积将大为减少。更让人担忧的是，目前，珠江三角洲的中山市北部、新会、斗门县、珠海西区等地区有460万人生活在海平面以下，靠堤围保护生存，50年后不断上升的海平面势必会给这些地区带来威胁。

2. 风暴潮致灾程度加剧

海平面相对上升，除了直接淹没沿海一些地势较低的地区，还将使沿海地区防潮工程抗灾能力不断降低。我国沿海其他地区，多数堤防标准偏低，能抵御百年一遇洪水或风暴潮灾害的本来就为数不多，一些港口码头的标高已不适应海平面相对上升产生的新情况。由于海平面的上升，使得原本可以抵御百年一遇洪水的防洪工程可能变成20年一遇或10年一遇，抗灾能力显著降低，风暴潮威胁更大。

风暴潮灾害（含近岸浪）是我国主要的海洋灾害之一，历年来在各项海洋灾害经济损失统计中均是最严重的灾种。新中国成立以来，风暴潮灾害造成的损失整体上呈上升趋势，并具有7~8年的强弱变化周期（叶琳等，2005）。风暴潮灾害极易受到极端天气过程的影响而加重，近50年来，气候变化引发台风、温带气旋和寒潮大风等极端天气事件异常，使得台风和温带风暴潮灾害发生时间提前，灾害更加频繁，灾害的影响范围和强度也不断增加，对沿海社会经济发展构成了严重的威胁。中国东南部和南部沿海是台风风暴潮的高发区，浙江、福建、台湾、广东、海南省从每年4—10月都可能遭受台风的袭击；渤海湾、莱州湾、山东半岛沿海容易受温带气旋和寒潮大风的影响，天津沿岸、河北南部、山东北部的春夏之交和秋冬季节是温带风暴潮的重点防范地区。近年来，登陆我国的超强台风和强台风个数虽然没有显著增加，但造成的风暴潮灾害却日趋严重。黄淮气旋的强度异常，加上与北方冷高压的配合，使我国沿海的风暴潮防范工作受到严峻挑战。

考虑到气候变化引起海平面上升，使得平均海平面及各种特征潮位相应增高，水深增大，近岸波浪作用增强，都加剧了风暴潮灾害。21世纪气温升高0.5℃和1℃时西北太平洋台风发生频率将分别增加63%和134%，在中国登陆的台风频率也将增加63%和119%，同时台风的强度也将有所增强（王建等，1991）；由于相对海平面上升，至2050年，珠江三角洲、渤海西岸平原50年一遇的风暴潮位将分别缩短为20年和5年一遇，长江三角洲百年一遇的高潮位将缩短为10年一遇（杨桂山，2000）；通过1951—1970年和1971—1990年两个时段比较，可以得出我国沿海风暴潮在后一时段出现的次数和成灾次数均较前一时段增加28%（施雅风，1996）；海平面上升将使得江苏沿海风暴潮出现的频率和强度明显增加，一旦风暴潮冲决海堤，再叠加1米以上的风暴潮增水，江苏沿海低地平原将整个暴露在风暴潮的影响之下。天津滨海新区和河北南部、莱州湾沿岸是风暴潮灾的多发区和严重区。由于多年的过量开采地下水引发地面沉降，天津滨海新区局部地段地面高程已与海平面持平，甚至低于平均海平面，致使防潮工程能力减弱，已经成为中国的"新奥尔良"，受风暴潮灾害的风险巨大。滨海新区处于沿海风暴潮多发区，防风暴潮的任务十分艰巨和繁重。特别是近年来受全球天气变暖极端天气频发的影响，渤海湾发生风暴潮的频率也明显增多加强，风暴潮造成的损失和影响将会越来越大，已成为威胁滨海安全和制约经济发展的重点灾害之一，是当地政府、有关单位和民众的一大忧患。

1992年第16号强热带风暴在福建沿海登陆后，一路北上与温带系统相互配合，导致特大潮灾，全国因灾死亡193人，直接经济损失超过92亿元。

1997年8月9711号台风风暴潮灾，通过与温带系统的相互配合，造成沿海直接经济损失120多亿元。

2003年10月11日和11月25日，渤海湾沿岸海域出现两次温带风暴潮灾害，潮灾波及沿海3个省市，共造成直接经济损失约6亿元。

2007年3月，渤海和黄海的海温较常年同期分别偏高1.1℃和1.8℃，海平面较常年同期分别高102毫米和148毫米。3月初，中国东、北部沿

52

海遭遇了 1969 年以来最大的一场温带风暴。此次风暴潮恰逢天文大潮和暖冬之后的异常高海平面，使风暴潮的破坏力异常加大，给渤海、黄海沿海地区带来了严重损失，仅辽宁、河北、山东三省的直接经济损失就达 40 亿元。

浙江、福建和广东省是我国易遭受台风袭击最严重和频繁的省份之一。特别是近年来台风灾害非常严重。2006 年 8 号台风"桑美"对浙江南部和福建北部造成了巨大的损失。据统计，自新中国成立以来至 2007 年，在沿海各省的风暴潮过程中，浙江省是受灾最严重的省份。每年由于风暴潮以及近岸大浪的共同作用，浙江省损毁很长的防波堤、护岸和码头等设施，沉没损坏大量船只，大面积影响海洋水产养殖，给浙江省造成了巨大的经济损失。2008 年 9 月，超强台风"黑格比"于广东省茂名市登陆，登陆时强度达 15 级。当时恰逢天文大潮和季节性高海平面，广东沿海出现罕见的风暴潮，为百年一遇。"黑格比"是近年来登陆我国大陆地区强度最大、造成损失最重的台风。广东、广西、海南等省（自治区）因灾死亡 42 人，直接经济损失 190 多亿元。

3. 咸潮沿河流上溯强度和频率增加

当海洋高盐水随潮汐涨潮流沿着河口的潮汐通道向上推进，盐水扩散、咸淡水混合造成上游河道水体变咸，即形成咸潮（或称咸潮上溯、盐水入侵）。咸潮灾害多发生于我国几个大的河口和三角洲地区，如珠江三角洲、长江三角洲和天津滨海新区等，这些地区人口众多、工商业发达，均是我国沿海的重要城市群。咸潮灾害已经有 50 年的监测记录，但近十几年来，上述地区的咸潮活动越来越频繁、持续时间增加、上溯影响范围越来越大、强度趋于严重，咸潮入侵的强度过大、持续时间过长就会造成供水危机，形成"咸害"。咸潮的危害除了影响居民生活用水、农业用水、城市工业生产外，还会影响一定范围内植被的生态群落，降低植被的第一生产力，许多在此河段生存繁衍的物种失去原有的生存环境，其生存就会受到威胁，甚至灭绝，这已在一些三角洲和滨海地区的咸潮中有所显示；咸潮的入侵会使农田原有的酸碱度发生变化，造成农田减产或不能耕种；咸潮还会破坏三角洲湿地的营养结构，影响到湿地的恢复。

监测数据表明，我国各主要河流均有不同程度的咸潮上溯情况。由于咸潮对于城市自来水厂取水有直接威胁，因此受到广泛重视，在广大的平原和河口地区，农田、林地等种植业都已经广泛地受到咸害的威胁。

"长三角"作为我国经济发达地区，最早面临到长江口咸潮入侵所带来的不利影响。1978 年冬到 1979 年春，咸潮造成上海市区部分工业停产或引起产品质量下降，崇明岛被咸水包围近 100 天。近些年来，长江口的咸潮危害不断，咸潮上溯影响自来水厂取水的事情经常发生。尤其是 2006 年在长江入海径流减少的同时，盐水入侵的强度和频率则相应增加，盐水入侵从往年的 12 月提前到汛期 9 月发生（朱建荣，2007；戴志军等，2008）。

新中国成立以来珠江三角洲地区发生较严重咸潮的年份是 1955 年、1960 年、1963 年、1970 年、1977 年、1993 年、1999 年、2004 年、2005 年、2006 年、2007 年。尤其是 2005—2006 年枯水期，咸潮强度前所未有，给珠江三角洲的城市供水安全带来严重威胁，其危害程度历史罕见。

4. 海岸侵蚀、海水入侵和土壤盐渍化程度加重

海岸侵蚀、海水入侵和土壤盐渍化等海洋灾害与海平面上升类似，都具有缓发性和长期性的特点。

我国海岸侵蚀长度为 3 708 千米，其中砂质海岸侵蚀长度为 2 469 千米，占全部砂质海岸的 53%，淤泥质海岸侵蚀总长度为 1 239 千米，占全部淤泥质海岸的 14%。砂质海岸侵蚀严重的地区主要有辽宁、河北、山东、广东、广西和海南沿岸；淤泥质海岸侵蚀严重地区主要在河北、天津、山东、江苏和上海沿岸。海洋动力状况改变、海平面上升和各种人为破坏是造成海岸侵蚀的主要原因。

由于海平面的上升，基准面相应提高，将会改变海岸剖面的重新塑造和调整，从而潮间带上部产生侵蚀过程。海岸侵蚀的日益加剧已在沿海地区造成道路中断，村镇和工厂坍塌，海水浴场环境恶化，海岸防护林被海水吞噬，岸防工程被冲毁，海洋鱼类产卵场和索饵场遭破坏，盐田和农田被海水淹没等严重后果。季子修（1993）按 Bruun 定律计算了长江三角洲附近海岸的后退距离，认为随着海平面上升幅度加大，其对海岸侵蚀的比重将显著提高。若至 2050 年相对海平面上升 60 厘米，则其比重将上升到 35% ~ 40%。任美锷（2000）对 Bruun 定律做了补充和修正，将 Bruun 定

律进一步扩展到淤泥质海岸，并计算了海岸侵蚀的速率和范围。

海水入侵是指海水向陆地一侧的移动，它主要指海水沿地下通道的入侵，有时也包括海水沿地表、河口、河道的入侵（亦称咸潮），其后果是使土壤盐渍化严重。海平面上升使河口海岸的盐水楔上溯，加大了海水入侵强度，使地下水水质盐化加重，同样影响人畜饮用水，恶化土壤，造成良田荒芜，这一现象在河口区尤为明显。我国海水入侵以黄渤海沿岸大城市为最。

海水入侵严重地区主要分布在渤海、黄海沿岸。渤海沿海海水入侵主要分布在辽宁省营口、盘锦、锦州和葫芦岛市，河北省秦皇岛、唐山、黄骅，山东省滨州、莱州湾沿岸，海水入侵区一般距岸 20~30 千米。黄海沿岸海水入侵区主要分布在辽宁省丹东、山东省威海、江苏省连云港和盐城滨海湿地区，海水入侵距离一般距岸 10 千米以内。东海和南海沿岸海水入侵范围小，浙江温州、台州，福建宁德、福州、泉州、漳州，广东潮州、汕头、江门、茂名、湛江，广西北海，海南三亚等监测到海水入侵现象。海水入侵范围一般距岸线 2 千米左右；大部分地区为轻度入侵。广东和福建监测区内一些居民区的饮用水井和农用灌溉水井已受海水入侵影响。

土壤盐渍化较严重的区域主要分布在辽宁、河北、天津和山东的滨海平原地区。天津蔡家堡、黄骅南排河和沧州渤海新区冯家堡、滨州无棣和沾化，盐渍化范围一般在距岸 20~30 千米内。辽宁丹东东港、锦州和山东潍坊滨海地区，每年 9 月土壤含盐量高、盐渍化土分布范围大；秦皇岛抚宁、唐山梨树园滨海地区每年 3 月土壤含盐量高、盐渍化土分布范围大。东海和南海滨海地区盐渍化范围小、程度低。东海沿岸浙江温州海城镇、福建漳浦旧镇梅宅村、霞美镇刘板村距岸 2~3 千米为氯化物型盐渍化土和硫酸盐－氯化物型盐土；南海沿岸广东阳江市大沟和雅韶，距岸 3 千米为硫酸盐盐渍化土；海南三亚市和海口市监测区距岸 2~3 千米分布氯化物型盐土和硫酸盐－氯化物型盐渍化土。广东茂名市电白县陈村、湛江市麻章区湖光村、麻章区太平村、广西钦州距岸 1 千米有盐渍化现象。

渤海辽宁沿岸海水入侵严重地区主要分布在营口、盘锦、锦州和葫芦岛沿岸。辽东湾平原地区的严重入侵区一般分布在距岸 10 千米以内，轻度入侵区一般分布在距岸 20 ~ 30 千米以内；黄海北部沿岸海水轻度入侵区主要分布在丹东滨海地区，一般在距岸 10 千米以内。盐渍化较严重的区域主要分布在丹东东港、锦州、葫芦岛、盘锦及营口滨海地区。

山东莱州湾地区是我国海水入侵灾害最严重的地区之一，莱州湾地区 1976—1979 年海水入侵速度是 46 米/年；1987—1988 年为 404.5 米/年（胡政，1995）。杨桂山等（1993）研究表明，未来海平面上升 50 厘米，枯季南支落憩 1 和 5 等盐度线入侵距离将分别比现状增加 6.5 千米和 5.3 千米；利用 Ippen 经验公式对珠江口的计算结果显示，海平面上升将加剧海水入侵灾害，未来海平面上升 40 ~ 100 厘米，各海区 0.3 等盐度线入侵距离将普遍增加 3 000 米左右（李素琼，1994）。最近几年山东省沿岸的海岸侵蚀和土壤盐渍化现象十分严重，据《2008 年中国海洋灾害公报》显示，海岸侵蚀的长度在 2008 年达到了 1 211 千米，北部的滨州等莱州湾沿岸海水入侵区距岸在 20 ~ 30 千米，威海市滨海地区海水入侵距岸接近 10 千米。

（二）海平面上升导致海岸带和近海生态系统发生变化

受气候变化及沿海各种生态保护措施影响，中国近岸海域生态系统近年来大致保持稳定，但恶化的趋势未得到有效缓解。大部分海湾、河口、滨海湿地，多数珊瑚礁、红树林和海草床等典型生态系统处于亚健康状态。海南东海岸的珊瑚礁、海草床生态系统，广西北海的珊瑚礁、海草床及红树林生态系统以及北仑河口红树林生态系统健康状况基本稳定；西沙的珊瑚礁生态系统和雷州半岛西南沿岸的珊瑚礁生态系统处于亚健康状态。主要海湾、河口及滨海湿地生态系统处于亚健康和不健康状态，锦州湾、莱州湾、杭州湾和珠江口生态系统仍处于不健康状态。近年来连续监测结果表明，我国海湾、河口及滨海湿地生态系统存在的主要生态问题是生境丧失或改变、生物群落结构异常。红树林和海草床生态系统基本保持稳定，珊瑚礁生态系统健康状况略有下降。影响我国近岸海洋生态系统健康的主要因素是海水温度升高、生化要素改变、侵占海洋生境和生物资源过度开发等。

1. 滨海湿地退化对生态环境的影响

气候变化通过改变湿地的水文特征来影响湿地整个生态系统。IPCC

指出，不断变暖的气候将导致大气降水的形式和量的变化，而这将通过改变滨海湿地的水文和生物地球化学过程，从而显著地改变湿地的生态功能。

近几十年来，由于全球性气候变暖，我国的湿地正面临着巨大的威胁。自20世纪中期中国东北、华北等地区出现了持续而显著的增温现象，气候不断变暖的结果是使蒸腾蒸发量增大，降水变率增大及极端降水事件（旱涝灾害）的频率和强度增加。如松嫩平原嫩江下游地区，干旱年数、洪涝年份、连续干旱年数和连续水涝年数都呈增加趋势。由于滨海湿地面积的减少，许多鸟类等珍稀动物的生存受到严重威胁。

2. 红树林海岸生态系统的变化

红树林是热带、亚热带海岸潮间带的木本植物群落，它在维护海岸生态平衡、防风减灾、护堤保岸、净化环境污染、提供大量的动植物资源等方面都发挥着重要的作用（林鹏，1997）。

随着海平面的上升，红树林分布区会朝陆地一方迁移。但此朝陆迁移情况仅仅可能发生在海滩朝陆一方没有障碍物阻挡的海滩上，然而在我国的大部分红树林区陆岸都筑有海堤，这必将阻挡红树林分布区的迁移。红树林可以通过层积物的堆积来应付海平面的上升。如果海平面上升的速度大于层积物堆积的速度，则海水将会淹没红树林，反之红树林分布区将会朝海的一侧延伸（谭晓林，1997）。

红树林生态系统受到陆相和海相的双重影响，可能是全球气候变化影响的早期指示者。红树林生态系统有自动调节能力，地质和现代证据表明，它能扩展和缩小以对区域地形和气候的变化作出响应。红树林既是陆生生态系统的一部分，也可看做海洋生态系统的一部分（属湿地海岸生态系统），全球气候变化对红树林生态系统的影响是多因素的，包括全球气温升高、海平面上升、大气 CO_2 浓度升高、紫外线增强、海水盐度变化、降水量变化、风暴巨浪频次的增多等多种因素，而由于气温上升和海平面上升所造成的影响则更为显著。

红树林是嗜热的植物类群，主要分布在热带和亚热带海岸地区，温度是限制红树植物分布区向两极扩散的主要因素。全球气温的上升可能对红树林有积极影响的一面，如气温升高的影响可能改变其大规模的分布、林分结构与提高原有红树林区的多样性，以及促使红树林分布范围将扩展到较高纬度盐湿地区，这会使原先没有红树林的地区变为适宜红树林生长，而使原有红树林地区的种类变得更丰富；另一方面，气温超过35℃，红树林根的结构、苗的发育、光合作用将受到很大的负面影响，这意味着如果温度上升过高，可能对位于赤道附近的红树林不利。

全球气候变暖以后，风暴潮和巨浪的频度和强度都会增加，红树林位于海陆交错区，它们适生于静浪海岸，因此，首当其冲将受到风暴和巨浪的影响。强大的风暴可以影响红树林结构，对大树的影响更为严重，这将降低红树林的多样性。海平面升高后，海浪对红树林内沉积物的堆积影响很大，海浪强度和频度的增加会冲走红树林根系周围的有机质，降低红树林内及外来沉积物在红树林区的沉积，使其基质增加缓慢，甚至降低，导致红树林生长速度跟不上预计的海平面上升速度，最后将导致红树林面积减少、结构简单，局部地方树林会消亡。

3. 珊瑚礁典型生态系统的退化

气候变暖、海平面上升、降水量和海水盐度的变化、CO_2浓度的增高均对已经脆弱的珊瑚礁生态系统产生一定的影响。尤其表层海水温度升高是珊瑚大规模白化事件的主要原因。在过去几十年里，已有热带海洋的表层水温增高的记录，到2100年预测会增加1~2℃，许多珊瑚礁将达到或接近其生长的温度阈值。

珊瑚是一种对生存环境极其敏感的物种，难以在30℃以上的海水中生存，所以气候变暖只要使海水温度升高2~3℃，就会对珊瑚产生严重后果。目前，广西、海南、台湾、香港等海域均发生不同程度的珊瑚白化和死亡现象，珊瑚生态系统正在大范围地消失。此外，大气中CO_2每增加1倍，珊瑚的数量就要减少15%，珊瑚礁的鱼类也随之减少，珊瑚礁生态系统走向衰亡。如西沙珊瑚礁分布区域的监测结果显示，2005年以来珊瑚礁分布区水质优良的情况下，5个区域活珊瑚的平均盖度仅为16.8%，6个月内的平均死亡率为2.1%，1~2年内的近期死亡率达到27.5%。2007年以来珊瑚礁退化非常严重。

海平面上升对各种成熟度珊瑚礁的影响不同。对于那些壮年期和青年期以侧向生长为主的、成熟度较高的珊瑚礁来说，海平面上升，即使以预估高速上升，实质上是对它们创造了有利的向上生长的空间。正如前所述，当海平面处于适度的上升状态时，珊瑚礁具有一个快的上升速率。对于台湾岛东岸，对地壳处于 5～6 毫米/年高速上升的上升岸礁来说，海平面的上升可以使珊瑚礁的生长得到部分的补偿，可以减少因为暴露出水面而死亡的数量，即使海平面以 9.8 毫米/年的高速上升，也对其持续生长有利。对于那些礁冠处于潮间带和潮下带的珊瑚礁来说，其生长趋势是侧向生长和垂直向上生长相当，海平面上升将使其生长趋势转向以垂直向上为主，即使达到最快的上升速率（9～9.8 毫米/年）时，也不会造成大的负面影响。

对于那些成熟度低的雏形期环礁或少数岸礁来说，它们的大部分礁冠都处于水下 5～10 米，仅少数处于水下 2～5 米之间；现今生长趋势是垂直向上为主，当海平面以 9.8 毫米/年的预估高速上升时，也只是稍微改变其生境条件，不会造成大的负面影响。

在南海诸岛的环礁和台礁区，处于壮年和青年期的珊瑚礁占总数的71%，而在岸礁区和上升岸礁区，这类成熟度高的珊瑚礁也占绝大多数。因此，对于成熟度较高的、以侧向生长为主的中国珊瑚礁来说，单就 21世纪海平面上升这一因素分析，不会对其造成大的威胁；相反，会有利于珊瑚礁的生长发育，增加碳酸盐的沉积。

二、中国沿海重点地区海平面上升的预测及影响

世界上大约 25% 的人口居住在沿海三角洲和湿地，大河三角洲地区是世界上工农业和商业最发达地区，但同时也是受海平面上升影响最为严重的脆弱地区。海平面上升加剧了河口区的风暴潮、沿岸侵蚀、海水入侵、土壤盐渍化等海洋灾害，影响了三角洲地区的社会经济发展。IPCC的第四次评估报告，已明确把大河三角洲列为受气候变化影响而最脆弱的地区之一。

长江三角洲和珠江三角洲，是我国经济发达、高速发展的地区。海平面缓慢而持续上升，影响到经济建设的各个方面，成为这些地区经济、社会发展的制约因素之一。本节主要通过有针对性地列举一些研究人员评估海平面上升影响的具体事例和成果，如工程设计、海岸侵蚀、咸潮、排洪

排涝、湿地损失、生态环境等，来说明海平面上升对这些沿海地区可能产生的影响。

（一）长江三角洲地区

地势低平的长江三角洲，地处我国东部新构造运动沉降区。长江三角洲地区的城镇建设和城市化发展，还面临着气候变化带来的严重后果。如气候变暖导致的海平面上升将严重威胁着长江三角洲地区的城市。海平面上升将影响长江三角洲地区的排涝能力，加剧洪涝灾害风险，同时还会加剧风暴潮灾害风险。长江口的围垦也加剧了风暴潮灾害风险。由于海平面相对上升导致洼地排水能力下降，在汛期将造成大量洪水滞留腹地。上海市区地势低平，夏秋暴雨季节常常洪涝成灾，未来海平面相对上升，将造成污水长期滞留，还可能出现海水倒灌，威胁长江口沿岸和黄浦江上游水源地。海平面相对上升，除了直接淹没沿海一些地势较低地区，还将使沿海地区防潮工程抗灾能力不断降低。

1. 海平面上升分析预测

"长三角"沿岸海平面受海温、气压、季风与海流等多种因素的影响，有显著的季节变化。受长江径流的影响，高桥海平面年变化振幅超过25厘米，其余各站海平面季节变化也较强，年变化振幅约为18厘米（表3－1）。"长三角"沿岸海平面在一年中呈明显的夏高冬低趋势，峰值出现在9月，谷值出现在1—2月；4—7月为最快上升期，9—12月为最快下降期，见图3－1。

表3－1　"长三角"海域海平面季节（年与半年）变化特征值

台站	年变化		半年变化	
	振幅（厘米）	初相角（deg）	振幅（厘米）	初相角（deg）
吕四	17.88	－153.82	2.88	－84.44
高桥	25.80	－145.41	4.79	－102.85
大戢山	18.01	－156.49	3.58	－114.52
滩浒	17.79	－156.37	4.63	－111.26

通过功率谱分析发现（图3－2），"长三角"海平面有2~5年、10

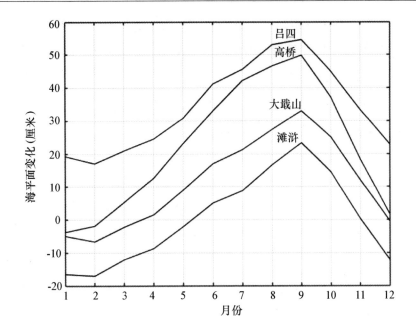

图 3 - 1　"长三角"沿岸海平面季节变化

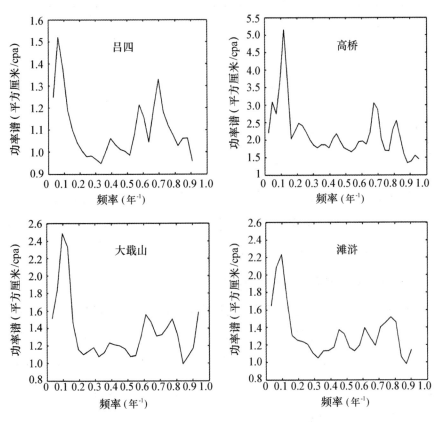

图 3 - 2　"长三角"沿岸海平面低频功率谱

年左右与 20 年的振动周期。2~5 年的准周期变化是对厄尔尼诺现象、黑潮大弯曲和中国沿岸气候变化的响应。10 年左右的周期是对反映黄、白交点运动造成的月球赤纬偏离二分点与二至点的 9.3 年周期，以及月球轨道拱线 8.85 年周期和太阳黑子 11 年左右的综合作用，20 年周期是振幅为 20~30 毫米的交点分潮的变化所致。

"长三角"沿岸是中国海平面上升最强烈地区之一。长江口附近高桥海平面线性上升速率达 4.95 毫米/年；滩浒与吕四次之，分别为 4.23 毫米/年与 3.98 毫米/年；大戟山海平面的上升趋势相对较弱，但也超过 3.0 毫米/年（见表 3-2 和图 3-3）。四站的平均上升速率为 4.2 毫米/年，远高于全球平均海平面上升速率。依据"长三角"沿岸海平面变化规律，可利用随机动态方法预测未来海平面上升值，预测结果如表 3-2 和图 3-4 所示。

表 3-2 "长三角"沿岸台站未来海平面上升预测值（相对 2008 年）

台站	上升速率（毫米/年）	上升值（厘米）		
		2030 年	2050 年	2080 年
吕四	3.98	6	16	26
高桥[a]	4.95	21	34	48
大戟山	3.31	12	19	30
滩浒	4.23	15	24	38

a）高桥相对 2005 年。

考虑到上海地区构造下降每年 1~2 毫米，由于开采地下水引起的地面沉降平均为每年 3~5 毫米，综合起来，估计上海地区到 2050 年海平面相对于 2000 年将上升 26~60 厘米。

2. 海平面上升对堤防高程的影响

海平面上升将导致风暴潮发生频率和强度增加，潮差相对小的岸段其发生频率增大高于潮差相对较大的岸段。潮差大的岸段如小洋口和澉浦站，当海平面上升 50 厘米时，100 年一遇最高潮位将变为 50 年一遇，而在潮差相对较小的其他岸段，当海平面上升 20 厘米时，100 年一遇的最高潮位将变为 50 年一遇。

长江三角洲是我国风暴潮灾害较严重的地区。黄浦江两岸又是工业发

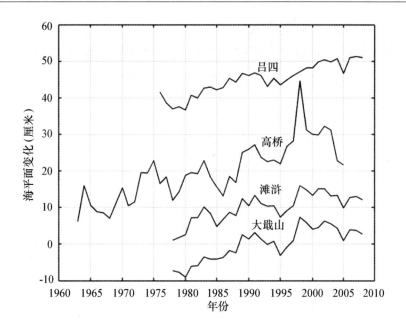

图 3-3 "长三角"沿岸海平面年际与趋势变化

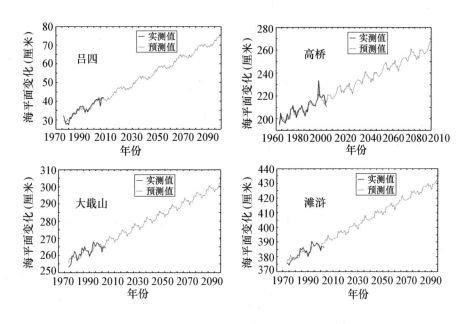

图 3-4 "长三角"沿岸台站海平面上升实测与预测过程线

达和人口密集地区,发生风暴潮灾害将给上海造成重大损失。未来海平面
上升,使风暴潮的威胁增大。黄浦江外滩防洪墙高程现按千年一遇标准修
建,但相对海平面如上升0.5米,则堤防标准将降为百年一遇,抗灾能力

显著降低，风暴潮威胁将更大。

为防御未来海平面上升后风暴潮侵袭，考虑海岸防护工程建设时，可根据海堤防护区内的经济效益等多种因素，采用不同频率的潮位值作为海堤的设计依据。

为防御未来海平面上升后风暴潮对海堤的危害，除了要求海堤按要求达到设计高度以外，还要在海堤的结构形式和筑堤材料上采取相应的措施。考虑未来海平面上升后风暴潮灾害的加重，按设计要求提高海堤高度，增加护面的抗风浪强度，如护面的构筑形式改变，减小护面的糙渗系数，从而降低风浪爬高值，可相应降低堤顶的设计高程，以达到降低筑堤的投资成本、保护土地资源的目的。某段海堤如不按砌石护面（其糙渗系数为0.75）计算，而采取砌石（抛填两层），糙渗系数可降低0.25，相应的风浪爬高值可减少1.4～1.6米，即海堤的设计高程可降低1.4～1.6米。

在高潮滩种植芦苇等护滩植物，可促淤保滩，并对消浪、减浪起积极作用，同时还可增加收益，是一举多得的好事。据奉贤县资料，堤前滩地如长有70米宽的芦苇，波高可削去1/3，如有145米宽的芦苇，可减波高1/2，芦苇如有400米宽时，波高减为0。风暴潮频发期的7—9月，也正是芦苇生长的旺季，因此，芦苇是保护堤防的屏障。

另外，海平面上升对沿海挡潮闸、船闸、桥梁和排灌系统等设施，也会带来不同程度的影响。"长三角"沿海地势低平，各条内河入海口基本上都建有挡潮涵闸，部分河口还有船闸，它们对挡潮、排洪、保护沿海农业生产和人民生命安全以及发展沿海交通运输业，都起着重要作用。由于海面的不断上升，河口拦门沙将逐渐内移，闸外河道淤积将日益加重，闸内排水将越来越困难。为了使这些工程能发挥应有的效益，必须相应提高它们的设计标准，包括结构、净空高度和宽度，以适应挡潮、行洪和航运等的需要。关于这方面的具体影响，目前尚未评估。但沿海各地今后在新建水利和交通工程，或对现有挡潮闸、船闸和桥梁进行维修和改建时，应考虑到海平面上升影响的因素。

3. 海平面上升对沿海海塘工程的影响

以浙江沿海为例，沿海海塘主要由钱塘江—杭州湾海塘和浙东海塘两大部分组成。其中，钱塘江—杭州湾海塘（以下简称钱塘江海塘）长约400千米，浙东海塘长约1 732千米（包括岛屿海塘）。钱塘江海塘位于钱塘江河口及杭州湾两岸，北岸上游起自杭州市上泗社井，沿江向东，经海宁、海盐至平湖市金丝娘桥与上海海塘交界，长164.4千米；南岸起自萧山临浦，沿江向下游，经绍兴至上虞市夏盖山与余姚市浙东海塘交界，长235.5千米，钱塘江海塘承担着保障杭嘉湖平原和萧绍平原的防台御潮安全任务，保护人口1 000万人，保护耕地约1 000万亩[①]，保护区内的国内生产总值超2 000亿元，保护区内还有铁路主干线、高速公路、机场等重要的基础设施。

浙江沿海岸线一半以上属开敞式海岸，其余为河口海湾或半封闭式海湾型海岸，地处不同海岸及不同断面形式的海塘，它们受海平面上升的影响也不相同。通过分别假设海平面3种上升幅度为10厘米、20厘米和50厘米，分析海平面上升对设计高潮位和海塘塘顶设计高程的影响。

浙江沿海潮位站不同设计年高潮位的级差不算大，以海门站为例，重现期为100年一遇、50年一遇、20年一遇和10年一遇的高潮位分别为7.36米、7.04米、6.63米和6.32米。它们之间的差级依次为0.32米、0.41米和0.31米。有的站级差还要小，如宁波站100年一遇、50年一遇、20年一遇和10年一遇的高潮位分别为5.34米、5.16米、4.93米和4.74米，其级差依次为0.18米、0.23米和0.19米。这表明海平面上升20~50厘米，原有的设计高潮位值将下降1~2个级别。

海平面上升对海塘塘顶高程设计值的影响也不小，因为海塘塘顶高程设计值包括三个方面：设计高潮位、波浪爬高和安全超高。设计高潮位的影响如上所述，而波浪爬高的计算值也同样受海平面上升的影响。但海平面升高引起波浪爬高的增值大小还与塘前波高、周期、波长、水深以及海塘的断面、外坡形式和结构等因素密切相关。例如开敞式海岸，其海域宽阔、风区长，多受风、涌混合浪的作用，这类波浪的特点是周期较大、波长较长，与海湾型海岸有很大不同，由于海平面上升后，塘前水深增加，波浪爬高则明显增大。开敞式海岸海塘，当海平面上升10厘米时，波浪

---

① 1亩≈666.7平方米。

爬高增加值一般为 10 ~ 20 厘米；当海平面上升 20 厘米时，波浪爬高增加值一般为 20 ~ 40 厘米；当海平面上升 50 厘米时，波浪爬高增加值一般为 40 ~ 70 厘米，呈逐渐增大之势。海湾型海岸海塘，当海平面上升 10 ~ 20 厘米时，波浪爬高增加值一般为 10 ~ 20 厘米；当海平面上升 50 厘米时，波浪爬高增加值一般为 30 ~ 50 厘米。半封闭式海湾中的海塘，当海平面上升 10 ~ 50 厘米时，其爬高增加值范围均小于 10 厘米。说明开敞式海岸海塘的波浪爬高值明显大于海湾型或某些半封闭式港湾中的波浪爬高值，开敞式海塘波浪爬高增值甚至超过海平面升高值，海平面升高后，不仅抬升了潮位，还抬升了波浪爬高值。这是海塘设计时必须考虑的。潮位增值与波浪爬高增值对海塘的影响有所不同，前者必须考虑使塘顶大于设计高潮位与安全超高之和，而后者应该使塘顶高于波浪爬高的高度，但当塘身结构允许超浪时，波浪爬高高度可以适度超过塘顶高度。

4. 海平面上升对沿海城镇和农田排水的影响

沿海城乡因濒临海洋而深受潮汐影响，城市排水和农田排涝都不同程度受到影响，特别是在台风、暴雨期间，外有暴潮、内有洪涝，排水受阻，灾害加剧。为提高排水御潮能力，各地均设有排水泵站。

以宁波市为例，城市地面高程 3 ~ 5 米，与当地高潮位接近，风暴潮期间很容易产生海水倒灌现象，排水受阻，城区积水，影响城市居民生活和生产正常进行，而海平面上升后，必将使城市排水状况进一步恶化，例如，潮位顶托加剧后，排涝更加困难，局地时段可完全失去自排能力，甚至导致污水长期回荡或倒灌。杭州市靠近钱塘江河口，城区排水同样受潮汐影响。

由于海平面上升，使外江潮水位增高，势必抬高水泵的扬程，从而降低排水流量。换言之，海平面上升将导致排涝泵站损失一部分排水流量。今后海平面上升，潮水顶托影响更大，将使城市排涝更为困难。市区地表水污染较重，黄浦江干流有四分之三的河段水质不合格。海平面上升造成污水长期回荡，甚至出现倒灌情况，也威胁长江口沿岸和黄浦江中上游的水源地，使洪水水质恶化。海平面上升还将影响太湖及其下游河网地区的泄洪和排涝，也带来水域污染加重的影响。

5. 海平面上升对海岸侵蚀的影响

三角洲地区因地势低平、岸线突出、波浪作用强烈及陆源泥沙减少等原因，普遍存在随海平面上升引起海岸侵蚀加剧或扩大的现象，长江三角洲地区同样面临这一问题。该区域侵蚀海岸主要有4段，即长江口以北的废黄河三角洲海岸（自灌河口至射阳河口，岸线长126.3千米）和吕四海岸（自海门县东灶港至启东县蒿枝港，岸线长度28.6千米）两段，长江口以南的南汇嘴以南海岸（自南汇嘴至奉贤县中港，岸线长度18.4千米）和杭州湾北部海岸（自金山县漕泾至海盐县高阳山，岸线长101.8千米）两段。

影响海岸海洋动力和泥沙特性的因素有自然和人为两类。它们可以通过不同途径引起海洋动力增强和沿岸泥沙减少，使海岸侵蚀加剧。自20世纪80年代以来，各国学者对近百年来的海平面上升的观测研究和对未来海面加速上升的预测表明，未来的海岸侵蚀呈发展趋势。这个与海岸防护和沿岸经济活动密切相关的问题，已受到各方面的关注和重视。

在各种海岸侵蚀因素中，海平面上升的影响占有一定的比重。利用Bruun公式计算的海岸后退量是由海平面上升因素引起的，属于侵蚀总量和岸线后退总量中的一部分。据Bruun分析，在严重侵蚀海岸，海平面上升引起的海滩侵蚀占侵蚀总量的15%～20%。未来海平面上升速率的不断加大，将使海平面上升因素在海岸侵蚀总量中所占的比重不断增加。

由于海平面上升是由海面绝对上升量和区域地面沉降量两个方面决定的，加之各地海岸侵蚀因素不同，所以不同地区海平面上升因素在海岸侵蚀中的作用是不同的。在长江三角洲附近地区，各岸段也有明显差异。

在海岸侵蚀严重的废黄河口附近，按Bruun定律计算，海平面上升1厘米海岸后退2.8米。目前相对海平面上升速率为0.15厘米/年，则平均每年后退0.4米，与实际后退速度相比得出的海平面上升因素在海岸后退中所占比重约为1.0%，说明绝大部分海岸侵蚀主要是泥沙来源断绝、波浪和海流作用相对强烈的特殊动力条件所致。预测海平面上升20厘米时，由于海平面上升幅度增大，相对海平面上升量可达到0.83厘米，则海平面上升因素引起的海岸后退量将增加至2.2米；而实际可能出现的海岸后退速率，根据黄河北归后130余年河口附近海岸侵蚀速度以平均每年1.4%的递减率计算，约从40米/年减少为23.7米/年。因此，海平面上升20厘米时，海平面上升因素在海岸侵蚀中所占比重可提高至9.3%。按同样方法计算，海平面上升 50 厘米时，该比重可达到 14.3%。但这个比重仍然较低，说明在今后一段相当长的时间里，波浪侵蚀仍然是这一地区的主要问题。

但在废黄河三角洲边缘地区，情况就明显不同了。如大喇叭断面，据 1980 年以来的贝壳堤内移和测量资料，海岸后退速度为 10.3 米/年，而按 Bruun 公式计算的后退速度为 2.2 米/年，海平面上升因素在海岸侵蚀中的比重为 21.4%。

在长江三角洲和杭州湾北岸各侵蚀岸段，由于潮上带缺失，海岸受海堤工程控制，事实上已不可能后退，未来的海岸侵蚀将表现为潮滩的不断降低。海平面上升将是造成潮滩淹没损失的重要原因。未来海平面上升速率还要加快，海平面上升因素在潮滩侵蚀中的比重将不断提高。

海平面上升不仅是一个未来的环境问题，而且是一个业已存在的现实问题。长江三角洲附近地区也存在这个趋势，现代海岸演变中的许多事实，确定无疑地与海面的相对上升存在着某种联系。长江三角洲附近地区目前有 41% 的岸线存在程度不同的侵蚀后退现象，实际上还有一些目前看来是稳定的，甚至是微淤的岸段，如果不是采用了诸如种植大米草、芦苇，修筑丁坝、顺坝和海堤护坡等一系列促淤、保滩和护堤措施，很可能也是侵蚀后退的。

不仅如此，海岸侵蚀范围还在不断扩大，侵蚀总量在逐渐增加，废黄河三角洲侵蚀岸段不断南移，中港以西的杭州湾北岸侵蚀岸段不断延伸。这两段海岸侵蚀与一系列其他因素有关，但侵蚀范围以每年 1 000 米以上的速度迅速扩大，其中就可能有海平面上升因素的作用。

6. 海平面上升对长江口咸潮的影响

长江口是一个丰水多沙、中等潮汐强度、有规律分汊的三角洲河口。受长江入海径流和河口潮汐作用强弱不同组合的影响，河口盐淡水混合状况也有所不同。枯季大潮期间，径流作用强，长江口河段盐淡水混合比较均匀，垂向盐度差较小，属强混合型；而枯季平潮、小潮和非枯季的绝大部分时间内，盐度线则以楔状向上游延伸，表底层之间存在明显的盐度相对变化带，属缓混合型；只有在洪季遇潮差特别小的情况下，盐淡水混合才出现高度分层型。就全年而言，长江口盐淡水混合是以缓混合型为主，为盐淡水混合型河口（韩乃斌，1983；陈吉余等，1987）。

盐水入侵与河口潮位变化之间有密切关系。采用长江口海平面上升50厘米、80厘米和100厘米来分别估算其对盐水入侵的可能影响。50厘米的升幅接近于海平面上升预测中方案（最可能情形）的高低限的平均值；80厘米和100厘米则介于海面预测中方案的高限与高方案之间的两个升幅。海平面上升，则高潮位相应升高。据长江口潮流现状模拟结果，高潮位上升值将大于海平面上升的增量，但低幅度的海平面上升，高潮位上升大于海平面上升增量的数值较小，同一海平面上升值，越往口内，潮位变化越明显。

上海长江口内，受海水潮汐影响，枯季崇明岛为长咸水包围，最多可达数月之久。海平面上升使海水入侵范围扩大并沿长江上溯，枯季影响范围更大。这对现有长江岸边的宝钢水库和陈行水库等取水工程带来很大困难。

7. 海平面上升对潮滩湿地损失的影响

潮滩和湿地对海岸地区具有重要的经济与生态价值，是宝贵的土地资源，在海涂围垦、牧业、渔业和芦苇生产等方面具有重要意义。尤其是对人均耕地仅有0.06公顷的长江三角洲来说，开发和利用潮滩，是缓和人地矛盾的重要途径。此外，潮滩（尤其是湿地）还有净化水质与减缓风暴潮侵袭的作用。本区海涂还设有保护丹顶鹤等珍禽和放养珍稀动物麋鹿的两个自然保护区，建有很多用于排洪、挡潮、航运和海岸防护等目的的水工建筑物。假如沿海潮滩和海岸湿地生态系统因海平面上升而遭到破坏，会在国民经济和环境保护方面造成一定程度的损失。

长江三角洲地区从海堤至理论深度基准面之间现有潮滩面积为5 224.8平方千米，相当于中国潮间带滩涂总面积的26%。潮滩在地理分布上主要集中于3个岸段或地区：射阳河口至东灶港，约2 461平方千米；苏北辐射沙洲，约1 268平方千米；长江口，近800平方千米。

长江三角洲地区海岸湿地面积约有1 252平方千米，约占潮滩总面积的23.96%。分布于潮滩的中上部，具有较高的生产力和种类丰富的生物资源。本区海岸湿地地处暖温带南部和亚热带北部，分大陆岸滩和河口边滩两个有显著差异特性的生态系统，共有禾草滩、盐蒿滩、芦苇沼泽、大米草沼泽和沙草沼泽 5 个类型。前两种类型位于平均高潮位以上，后两种类型在平均高潮位与小潮高潮位之间，芦苇沼泽位于平均高潮位上下。

海岸湿地是潮滩土地中与人类经济活动联系最密切的区域。在海平面上升引起的潮滩损失中，湿地面积的减小和质量的退化将是最严重的损失。海平面上升对湿地影响程度取决于同期湿地的加积作用，如果湿地能同步保持其相对高度则无损失。未来海平面上升将会导致潮滩植被的进一步破坏，这是因为海岸侵蚀的加剧和海岸工程的加强使潮滩不断变窄，植被生长空间缩小；潮浸频度提高，造成湿地类型退化；入海径流减小，使河口生态条件改变，潮滩含盐量增加，影响甚至破坏芦苇和各种莎草科植被。从对以上两个因素的分析看，本区湿地未来的加积作用普遍趋于减弱，海平面的上升将导致大部分岸段湿地的减少甚至消失。但在辐射沙洲掩护的斗龙港口—东灶港和长江口两岸段，在一定时期内由于仍有相当充足的泥沙来源，因此仍将以淤涨为主。

一般地说，如果没有海平面的明显变化，无论是海岸湿地生态系统还是河口湿地生态系统，由于潮滩的自然加积，各种湿地类型之间发生自下而上、由低级向高级的演替。海平面上升可使潮滩的潮浸频率增加，可导致潮滩的淹没和侵蚀，使一部分潮间带转化成潮下带。损失的潮滩看起来似乎主要是中低潮滩，但实际上由于潮滩各种生态类型之间的演替关系是可逆的，下一类型的消失或范围缩小必然引起上一类型的退化，即发生反向演替。如中低潮区粉砂质光滩的消失，可以使高潮区盐蒿滩退化为光滩、禾草滩退化为盐蒿滩，河口的莎草沼泽退化为光滩，芦苇沼泽退化为莎草沼泽。此外，由于本区海岸全线由人工海堤防护，海平面上升后基本上无形成新湿地的空间，使湿地损失不可能得到补偿。

因此，海平面上升造成本区的潮滩损失，首先就是其上部的湿地损失。根据这一原理，可以对不同海平面上升幅度下各岸段的湿地损失量进行粗略估算。

明显淤涨的斗龙港口—东灶港和长江口两岸段的潮滩湿地，未来一定时期内海平面上升只是减缓了淤积速度，未来的淤涨面积将大量减少，尤其是在长江口。类似情况还有金汇港—漕泾岸段，不过目前湿地面积小，新生面积很有限。本区湿地损失最大的是目前的各个侵蚀岸段，如灌河口—射阳河口、射阳河口—斗龙港口和南汇嘴—金汇港等,受到侵蚀和淹没的双重作用;其次是相对稳定岸段(如漕泾—高阳山等)的淹没损失,以及轻微淤涨岸段(如蒿枝港口—连兴港和金汇港—漕泾等)由于淤积速率小于预测的未来相对海平面上升速率引起的淹没损失。

　　长江三角洲附近地区由于现阶段总体上仍以淤涨海岸占优势,几个主要湿地分布岸段的潮滩近几十年内还可维持 1 厘米/年左右的平均淤积速率,每年可新生一定数量的湿地,所以海平面上升后全区湿地的净损失总量较少。但具体到各个岸段,多数在海平面上升 1.0 米时湿地损失率达到 60%～100%,其中一些长期侵蚀岸段,甚至在海平面上升不足 0.5 米时,湿地就已破坏殆尽。至于淤涨岸段,由于海面不断上升和泥沙来源逐渐减少,使淤积量越来越少,最终淤涨终止,也将陆续转入侵蚀和淹没损失。

　　季子修等对海平面上升对长江三角洲附近沿海潮滩和湿地的影响进行了初步研究。结果表明,从江苏灌河口至钱塘江 1 028 千米长岸线的沿海地区,共有潮滩面积 3 956 平方千米(1990 年),湿地面积 1 252 平方千米(1990 年)。若海平面上升 0.5 米和 1.0 米时,潮滩面积分别比 1990 年减少 9.2% 和 16.7%,湿地面积减少 20% 和 28%,并发生高级类型向低级类型(盐土草甸—高位沼泽—低位沼泽)的退化。由于湿地的丧失,原湿地中栖息的动植物,尤其是水禽将发生相适应的环境迁徙,亦可能超越国界。

(二) 珠江三角洲地区

　　珠江三角洲位于珠江流域西、北、东江下游的冲积平原,面积 4.16 万平方千米。由于得天独厚的地理优势,改革开放以来,珠江三角洲地区的经济得到高速的发展,珠江三角洲地区城镇密集,地级以上建制市 9 个,建制镇 211 个,城镇密度高达每平方千米 11.3 个,已形成既有特大城市,又有中小城市和大量乡镇的城镇体系,城镇之间的平均距离约 10 千米,有些城镇已几乎相连,是全国城市化水平较高的地区之一。珠江三角洲自西、北、东江等下游冲积平原及河口三角洲复合而成,地势低洼,地面高程为 0.9～1.7 米的平原占三角洲面积的 80%,有近半的耕地属易涝耕地。三角洲网河区内水道交织如网,网河区 9 750 平方千米面积内主要河汊达 100 多条，水道总长约 1 600 千米，河网密度每平方千米为 0.81 千米，分八大口门与南海相通，受海洋潮汐的影响大。

由于珠江三角洲所处的特殊自然环境和经济位置，使其无论在工业生产，还是农业生产等各方面均居我国经济发展的前列，而且也是我国吸收外资最多，外资企业最多、最集中的地区。珠江地区水陆运输四通八达，是我国重要的对外贸易口岸，因此珠江地区每年社会产值的发展速度也比较高。

海平面上升对珠江三角洲地区的主要影响表现为：洪涝威胁加大、风暴潮灾害加剧、水域污染加重、盐水入侵上溯以及生态环境破坏等。海平面上升对珠江三角洲各个地区的影响及造成的灾害不尽相同。西部沿海低地对影响敏感，易遭灾害；中部属洪潮交互作用区，地势低洼，危害显著，洪潮遭遇可能造成重灾；北部可能将加大洪水灾害；东部为构造上升区，影响较小。

1. 海平面上升分析预测

从验潮站月平均海平面的年变化过程来看，珠江三角洲沿岸海平面变化可分为两种类型。汕尾、闸坡与三灶属"沿海"型，其特点是 1—8 月海平面较低，且变化平缓，最低值多出现在 7 月；8 月以后开始快速上升，10 月达到最大；其年较差约为 35 厘米。黄埔、泗盛尾与横门属"河口"型，其特点是海平面季节变化呈双峰型。峰值分别出现在 6 月和 10 月，前者是珠江径流影响的结果，后者系沿岸流的作用，见表 3-3 和图 3-5。

表 3-3 "珠三角"海域海平面季节（年与半年）变化特征值

台站	年变化		半年变化	
	振幅（厘米）	初相角（度）	振幅（厘米）	初相角（度）
汕尾	10.4	133.7	5.0	−151.8
黄埔	12.1	−154.2	3.9	167.5
泗盛尾	10.3	−167.2	3.9	178.0
横门	15.3	−147.0	3.0	153.6
灯笼山	14.5	−151.9	3.4	158.5
赤湾	8.9	163.0	4.5	−167.4
三灶	9.9	152.2	5.8	−160.5
闸坡	11.1	133.2	6.8	−164.6

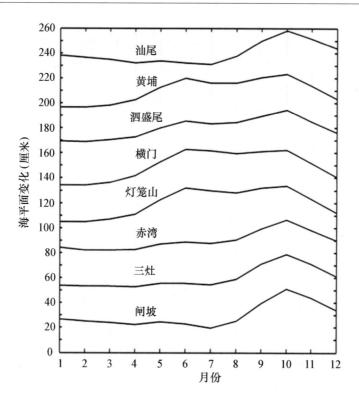

图 3 - 5　珠江三角洲沿岸海平面季节变化

通过功率谱分析发现（见图 3 - 6），"珠三角"海平面有 2 ~ 5 年、10 年左右、20 年与 35 ~ 40 年的振动周期。2 ~ 5 年的准周期变化是对厄尔尼诺现象和中国沿岸气候变化的响应。海平面 10 年左右与 20 年波动为天文因素长期周期变化的反映。而 35 ~ 40 年的变化周期与全球气温变化中的 36 年周期相当，表明"珠三角"沿海相对海平面的长期变化除受天文潮汐固定周期的影响外，还受 30 ~ 40 年气候变化周期的影响。

各站相对海平面的年际变化大都是准同步变化，即一致呈上升或下降波动，仅个别年份例外。相对海平面在波动上升过程中具有阶段性和明显的转折点，反映海平面变化受多种因素的影响。1963 年为最低值年，较多年平均低 10 厘米左右，其形成原因与大范围气象/海况异常有关。最高值年出现的时间不统一，但 1973 年、1994 年与 2001 年为高值年，较多年平均高 10 厘米左右。低值年与气候异常及厄尔尼诺事件的影响有关，高值年与异常多雨和径流量大有关。

受全球气候变化、地面沉降、南海水量平衡与珠江入海径流等因素的

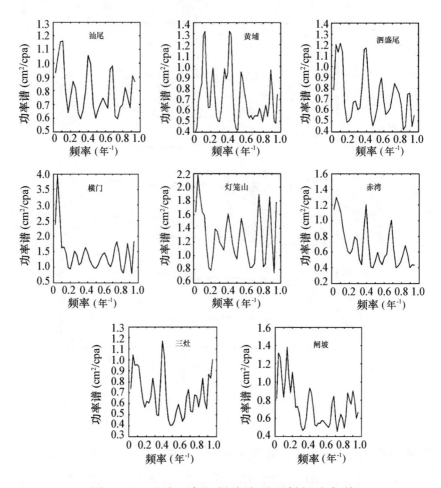

图 3 - 6   "珠三角"沿岸海平面低频功率谱

综合影响，近 50 年"珠三角"沿岸海平面呈波动上升趋势（图 3 - 7）。利用随机动态模型，计算了"珠三角"沿岸代表台站海平面上升速率（表 3 - 4）。横门站海平面线性上升速率达 3.4 毫米/年；汕尾、赤湾与闸坡的上升速率均超过 2.0 毫米/年；三灶海平面的上升趋势相对较弱，为 1.4 毫米/年。5 站的平均上升速率为 2.3 毫米/年，高于全球平均海平面上升速率（1.8 毫米/年）。

依据"珠三角"沿岸海平面变规律，利用随机动态方法预测汕尾、横门、赤湾、三灶与闸坡站未来海平面上升值。各种预测结果如图 3 - 8 所示。预计 2030 年和 2050 年海平面相对于 2000 年可能分别上升 10 ~ 25 厘米和 15 ~ 35 厘米，由于构造升降和水位抬升的不同，三角洲各个地区海平面上升值也有差异。

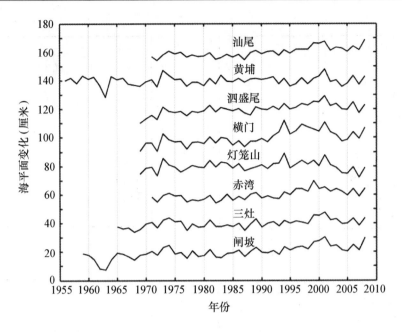

图 3 - 7　"珠三角"沿岸海平面变化趋势

表 3 - 4　珠江三角洲沿岸台站未来海平面上升预测值（相对 2008 年）

台站	上升速率 （毫米/年）	上升值（厘米）		
		2030 年	2050 年	2100 年
汕尾	2.4	7	12	20
横门	3.4	10	16	28
赤湾	2.3	5	12	22
三灶	1.4	4	7	15
闸坡	2.1	5	9	19

2. 海平面上升对广东沿海工程设计参数的影响

广东省台风登陆次数占全国总数的四成左右，珠江三角洲是风暴潮灾害严重的地区，每年台风登陆或受台风影响达十多次。2008 年台风"黑格比"在广东省茂名市电白县登陆，受其影响，广州、佛山、中山、珠海、江门和阳江等地均出现罕见的风暴潮，其潮位之高为百年一遇。其中，广州大石水文站的最高水位为 2.73 米，广州沙面一带遭到水淹。造成 6 人死亡、2 人失踪，经济损失近 60 亿元。海平面的持续上升将导致海

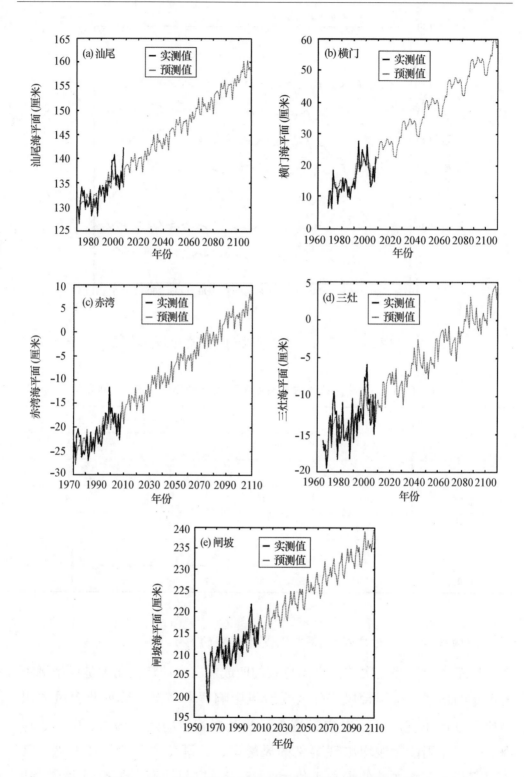

图 3 - 8 "珠三角"沿岸海平面实测与预测过程线

堤设计标准相应地降低，使得风暴潮灾害加剧，受灾地区灾害发生次数增加、范围扩大。

由于近几十年来广东沿海相对海平面呈上升趋势，因而不少沿海工程已经出现因设计基准面偏低而受到海平面上升的威胁。

深圳机场位于珠江口伶仃洋东岸，建有防护堤，堤顶高程为 2.91 米（珠基），但是 1991 年 7 月和 1993 年 3 月海水两次漫堤。珠江口大万山岛的一个军用码头，其设计标准为平均海平面以上 1.8 米，但是 20 世纪 80 年代有三分之一的年份，码头在最高潮位时被淹没，大浪把栈桥式码头掀翻。广州市的污水排水口高程标准，20 世纪 50 年代为 1.73 米（珠基），80 年代末改为 2.07 米，90 年代初提高到 2.50 米，近年再提高到 2.75 米，但是 90 年代最高水位达 2.96 米，而广州市区珠江水位达 1.8 米即成灾。深圳市和珠海市污水处理出水口的高程分别为平均海平面以上 1.20 米和 1.24 米，这个高程比当地最高潮位低数十厘米，因而每年约有 12%（深圳）和 11%（珠海）的时间需要用水泵排水，大雨或高潮时则出现涝灾。汕头市排水口的高程仅为 -0.2 ~ 0.8 米（珠基）。-0.2 米为当地潮水倒灌入市区的高度，当潮位升至这个高度时，便要放下挡潮闸，封闭下水道。湛江市排水口的高程为 0.5 ~ 1.4 米（珠基），比平均海平面低 1.6 ~ 2.5 米，也比平均潮位低 0.72 ~ 1.52 米，而且，湛江市一些地区的地面高程很低，更易积水成涝。

在海平面上升的情况下，为了保障沿海工程的安全，应该参照沿海各岸段相对海平面的上升幅度，慎重考虑工程的设计基准面，改建码头、加高加固防护堤。

以往沿海工程在设计时所推算的设计潮位，大都未考虑海平面上升的影响。由于海平面上升导致高潮位抬高，从而使设计潮位的重现期缩短，例如，珠江口的 4 个站，海平面上升 0.3 米，设计潮位的重现期将从 100 年一遇降为 23 ~ 43 年一遇。广东是我国受台风影响最大的省份，登陆或影响广东的台风占全国总数的 66% ~ 78%。雷州半岛南渡站历史风暴潮最高潮位（5.94 米）和最大增水值（5.90 米）皆为全国之冠。未来海平面继续上升，将使风暴潮的频率增大即风暴潮潮位的重现期缩短。计算表明海平面上升 0.1 米、0.2 米、0.3 米后，不同频率风暴潮潮位重现期的变化及设防标准。例如，广州黄埔港，实测风暴潮最高潮位为2.8米，它相当于现况海平面条件下50年一遇的风暴潮潮位（2.40米）。但是，海平面上升0.3米后，50年一遇将降为15年一遇，100年一遇将降为30年一遇，200年一遇将降为55年一遇，因此，应按200年一遇设防。

根据重现期与频率的关系式，分别计算海平面上升0.1米、0.2米、0.3米条件下，各站风暴潮潮位的重现期。结果得知，海平面上升0.2米对潮位重现期有明显影响，但是真正使重现期"降级"的是海平面上升0.3米。分别代表5个岸段的17个站，已知各站实测风暴潮最高潮位及其重现期，计算得出海平面上升0.3米后重现期的缩短，由此可以得知，在海平面上升0.3米的条件下，各岸段应该按多少年一遇的设防标准，才能抵御海平面上升后的风暴潮最高潮位，计算结果，雷州半岛为200年一遇设防，粤西为100年一遇，珠江口为大于200年一遇，粤东为100~200年一遇，韩江口为200年一遇。

3. 海平面上升对珠江咸潮的影响

海平面上升，潮流界沿河上移，盐水侵入河口更远，枯季影响到广州附近，给沿河两岸城市供水带来新的问题。

随着经济的发展，珠江三角洲城镇工业及生活需水量也会以较高的速度增长。据预测，三角洲城镇2000年的需水量为78.0亿立方米，2010年为118.5亿立方米，日供水能力达3 680万立方米，相当于425.9立方米/秒的流量。如此大的需水量，对珠江三角洲水资源开发利用无疑是一个巨大的压力，而海平面上升，必然加剧城镇供水的供需矛盾。主要表现在两个方面：一是增大盐水入侵的距离和强度；二是排污不畅，加重水污染。

对盐水入侵的现状研究表明，在平水年的枯水期，珠江三角洲受盐水的影响较小，但在枯水年，受咸害的威胁较严重，盐水线上边界东江可达东莞—新塘一线，流溪河江村附近，广州水道番禺和大石一带、蕉门水道灵山、洪奇门陇滘横门百花头、崖门三江口、虎跳门横山、鸡啼门白蕉、磨刀门竹㳡—神湾之间。海平面上升，海水大量涌入三角洲网河区，使水中氯度大为增加，如以最枯水年的1955年和1963年为例，虎门水道咸潮上溯至老鸦岗，磨刀门水道到达竹㳡、蕉门水道达三善滘附近。

一般而言，在其他要素不变的情况下，咸潮入侵距离将随着水位的上升而增大，因此未来海平面的上升，势必会引起咸水入侵的进一步扩展。珠江口进潮量很大，在枯水季节，潮水能直溯至广州一带，使珠江的部分上游水域水的氯度超过饮用水的含氯度（≤0.25%）及灌溉用水氯度（≤1%）。据初步统计，珠江口常年受咸水影响的土地面积为 4.6 万公顷左右，其中，东莞和番隅各占 1.3 万公顷，斗门占 0.8 万公顷，其余分布在珠海、中山、新会等沿海地区。而且，盐水楔的深入将使珠江口河床淤积速度加快，一方面破坏出海航行水道，另一方面也抬高了正常水位。

由于海平面上升加大了海水入侵的程度，对三角洲地区城镇、乡村的供水极为不利。三角洲各城镇的供水主要是三角洲江河水源，按照饮用水源水质标准的要求，氯度应小于 0.25 才可饮用。一旦海平面持续上升，网河区水体氯度增大，三角洲地区 1 500 多万人的饮用水，必将遭到威胁。

4. 海平面上升对珠江三角洲水资源的影响

海平面上升对沿海城市的社会、经济发展将产生深刻的影响，沿海地区的自然、生态环境将因此受到改变。海平面上升，潮水顶托范围沿河上溯，使三角洲联围内排水不畅，城镇污水排放困难，甚至倒灌，造成河网和联网内水域污染扩大加重。珠江三角洲地区也不例外，由于经济发展迅速，而对污染源治理的能力有限，水质污染制约了水资源的利用，珠江三角洲城市普遍存在水质性缺水，水资源供需矛盾突出。除此之外，海平面上升势必对珠江三角洲水资源状况产生影响。

珠江三角洲多年平均年降水量 1 823 毫米，当地河川径流量 420 亿立方米，过境水量 2 940 亿立方米。河川径流总量多年平均达 3 360 亿立方米。三角洲网河区属感潮河流，潮汐属不正规混合半日周潮，多年平均涨潮总量 3 763 亿立方米，落潮总量 7 023 亿立方米。

三角洲水资源时空分布极不均匀。在时间分布方面，枯水期（10 月至翌年 3 月）水量只占全年水量的 20% ~ 30%，枯水期与丰水期相差几倍；地域分布方面，西江出海水道与北江出海水道水量相差悬殊，主要原因除上游来水量相差很多外，枯水期北江 70% 以上的水量流往西江，造成水量骤减。沿海东部的深圳、大亚湾地区和西部台山地区由于缺少过境水，水资源相当匮乏。

珠江三角洲农业灌溉方式主要为"潮灌",即利用潮水顶托淡水的机会引水入田。但是,在河口地区,影响灌溉的主要问题是咸潮,特别是处于咸潮控制之下而又无法引淡的堤围区,枯水季节咸潮上涌,影响春耕插秧。按照三角洲地区的经验,水体氯度在3以下,不致影响农业生产,但海平面上升,氯度可能超过此数值。同时,海平面上升将造成河口区潮位上升,引起河网区地下水位上升加剧,使土壤返咸,农作物根系大量吸收地下盐分,造成灾害。

珠江三角洲城镇一般海拔不高。广州市,如珠江潮水位升至2米(珠江基面)即可淹街。1956年6月,潮水位升至2.24米,荔湾涌水淹面积达0.02平方千米,淹街472条,水深最大处为0.6米。根据对1:10 000地形图的量算,如果2030年三角洲海平面上升70厘米,三角洲地区将有约1 500平方千米的土地受淹。三角洲城镇排水管道高程低,许多城镇还是以明渠(河涌)的形式排水,海平面上升,将使排水不畅,增加市政建设的难度。

海平面上升将改变三角洲水生生态的现状。由于低洼地被淹浸,湿地扩大,湿生和水生动植物适生范围扩大,从而将引起一系列水生生态的改变。如伶仃洋东岸,从宝安沙井至深圳湾一线,是天然的养蚝基地,但海平面上升,将改变这一优越的自然条件,使其生存环境遭到破坏。此外,水中藻类的种类也将受影响发生演替,由此而产生比较明显的变化是赤潮问题。目前,伶仃洋、香港附近海域、大鹏湾等每年都有赤潮出现。

5. 海平面上升对滩涂的影响

由于珠江口属于淤积型河口海岸,因此单纯的海平面上升,对珠江沿海地区尚不会造成太大的浸淹,而主要是沿海滩涂将会受到一定影响。

珠江三角洲海岸带现有陆地面积为30万公顷,潮间带面积为6万余公顷,-3.5米等深线以浅海涂面积近13.33万公顷,-5.0米等深线以浅海涂面积近20万公顷。而且根据珠江的流量、输水量和口外沉积条件来看,珠江口属于淤积较快的河口,其滩涂以每年大约2米宽、3厘米厚的速度向南海推进。预计到2100年,在不考虑海平面上升的情况下,潮间带面积将增至13万公顷,-5米等深线以浅的海涂面积也将增至23万公顷。对于珠江三角洲来说,这是一项巨大的潜在资源,因为随着滩涂的延伸，使珠江口沿海地区每年都可围垦一批滩涂改造为农田或作他用。但是如果未来海平面加速上升，滩涂每年的淤积速度将相对减缓，使这一项潜在的滩涂资源减少；而且随着海平面上升，海水冲刷作用增强，滩涂淤积速度将会变慢，甚至部分滩涂会由淤积变为侵蚀。

6. 海平面上升对红树林的影响

目前我国红树林主要分布在广西、海南、广东、福建和台湾 5 省（区）的海岸。红树林对沿海地区的堤围、农田、城市等具有至关重要的意义，因为其通过"消浪、缓流、促淤"功能，具有很好的防浪护岸作用。研究海平面上升对红树林海岸的影响已成为红树林研究的一个重要课题。国外对这方面已进行了很详细的研究，我国在这方面的研究资料相对缺乏。海平面上升及其对红树林的影响都是受一系列因素控制，不仅不同地区相对海平面上升速率不同，即使相对海平面上升速率相同的同一地区也可能由于红树林生境条件和红树林生长分布状况不同而导致海平面对红树林的影响不同。因此，关于海平面上升对红树林的影响，应从各地区的相对海平面上升速率、区域地质情况、红树林生长的具体环境和红树林的生长状况来分析。

广东红树林主要以次生林为主，群落外貌结构简单，粤西岸段的纬度较低，气温和水温较高，滩涂面积大，红树林分布广，组成种类和群落类型也较粤东复杂。粤西的英罗港、安铺湾、广海湾、镇海湾、海陵山湾、雷州湾是广东红树林的主要分布区，红树林较为繁盛。红树林在粤东的饶平、南澳岛等处也都有分布，共有红树林植物 13 种，分布面积 4 667 公顷。

海平面上升对红树林的影响决定于相对海平面上升速率与红树林潮滩沉积速率的对比关系。当海平面上升速率小于红树林潮滩沉积速率时，海平面上升不会对红树林产生明显的直接影响，海滩在红树林生物地貌过程作用下不断堆积，并且随红树林生态系统的不断演化，整个海岸带向海推进；当红树林潮滩沉积速率与海平面上升速度相等时，红树林海岸保持一种动态平衡；当海平面上升速率大于红树林潮滩沉积速率时，红树林的变化取决于红树林生长环境和红树林群落对海平面上升的综合反应。Semeniuk（1994）认为预测海平面上升对红树林生态系统的影响，首先必须确定海平面上升是否会导致红树林海岸地貌的变化。对那些海平面上升不会导致地貌发生较大改变的红树林海岸来说，海平面上升仅使地下水位发生改变、高潮带浸淹频率的增加和原先受沙丘等障碍物保护的高潮区被淹没。如果红树林后缘地貌和地层条件适合红树林生长，红树林将大规模向陆地迁移，当红树林后缘质不适合红树林生长，则红树林几乎很少向陆地演化，海平面上升将导致红树林被淹没；另一方面，一些红树林海岸在海平面上升时会改变地貌，如沙丘或沙体的消失、泥滩向陆移动等，这些变化将从根本上改变红树林的生境条件，从而显著改变红树林生态系统。在这种情况下对红树林的影响比较难以预测，因为这不仅简单地涉及红树林一个生态系统，海平面上升所引起的红树林生长环境变化也是至关重要的因素。与此相反，全球气候的变暖，海水浸淹频率的增加，原先不适合红树林生长的海岸会变得对红树林生长有利，潮水和海流会把红树林胚胎带到这些地方形成新的红树林。

海平面上升对我国红树林的影响有直接影响和间接影响两个方面。直接影响是当海平面上升速率超过红树林的沉积速率时，海平面上升导致红树林被浸淹而死亡、红树林分布面积减小等，这也是海平面上升对红树林的主要影响；间接影响指的是因为海平面的上升导致红树林海岸潮汐特征发生改变，使得红树林的敌害增多等。从红树林潮滩沉积速率与相对海平面上升速率的对比可以看出，我国大部分红树林潮滩沉积速率基本上都高于当地的海平面上升速率，即目前海平面上升对我国大部分红树林的存在和分布还不能构成显著影响。但对泥沙来源少，红树林潮滩沉积速率较低的地区，会受到严重影响。如东寨港红树林潮滩沉积速率4.1厘米/年，平均潮差较小，仅1米左右，海平面上升对红树林的浸淹频率和强度影响很大。而且我国红树林后缘通常有海堤，不利于红树林的向陆演化，可能导致这些地区的红树林在21世纪末因为海平面上升而受到严重影响。

第二部分　海平面上升风险评估

第四章　海平面上升风险评估理论与方法

沿海地区自然特征与社会经济发展水平的区域差异明显，海平面上升对各地区海岸带自然环境的影响和社会经济的风险表现不同，对沿海地区面临的海平面上升风险进行科学评估具有重要的理论与实践意义。本章从自然灾害风险的基础理论出发，明确海洋灾害评估与管理的任务和目标，重点介绍海平面上升风险评估与管理的基本理论和常用方法，为开展我国沿海地区风险评估与区划提供理论支持。

一、风险评估与风险管理①

风险是指在一定条件下和一定时期内可能发生的各种结果的变动程度。风险具有三种基本属性，即自然属性、社会属性和经济属性。一般来说，风险具有以下特征，即：① 风险存在的客观性和普遍性；② 风险发生的偶然性和必然性；③ 风险的不确定性；④ 风险的潜在性；⑤ 风险的双重性；⑥ 风险的变动性；⑦ 风险的相对性；⑧ 风险的无形性；⑨ 风险的突发性；⑩ 风险的传递性；⑪ 风险的可收益性；⑫ 风险的社会性；⑬ 风险的可预测性；⑭ 风险的发展性。

风险评估是建立在概率论和数理统计的大数法则、类推原理和惯性原理的基础上。由于在自然界和人类社会中，通过对大量风险事故发生的统计分析，其结果呈现出一定的必然性和统计规律性，因而可以通过某一类风险事故发生的规律性，类推出其他风险事故发生的规律性；由惯性原理可预测将来风险事故发生的可能性。

风险评估的意义在于：① 通过风险评估，较为准确地预测损失概率和损失幅度。通过采取适当的措施，可减少损失发生的不确定性，降低风险。② 对损失幅度的估计，使风险管理者能够明确风险事故造成的灾难

---

① 本节内容主要引自张继权等《主要气象灾害风险评价与管理的数量化方法及其应用》。

性后果，集中主要精力去控制那些可能发生的重大事故。③ 建立损失概率分布，为风险管理者进行风险决策提供依据。风险管理者根据损失概率分布的状况，结合损失幅度的估计结果，分配风险管理费用，采取相应的风险控制技术，将风险控制在最低限度。

风险管理是研究风险发生规律和风险控制技术的一门新兴管理学科。所谓风险管理是指个人、家庭或组织（企业或政府单位）对可能遇到的风险进行风险识别、风险估测、风险评估，并在此基础上优化组合各种风险管理技术，对风险实施有效的控制和妥善处理风险所致损失的后果，期望达到以最小的成本获得最大安全保障的科学管理方法。

风险管理是一个连续的、循环的、动态的过程。风险管理过程可分为确定背景、识别风险、分析风险、评估风险以及处置风险，完成整个过程需要检测与检查及交流与磋商（图 4-1）。

评估风险的目的是判断风险的严重性，为处置风险提供依据。一般来说，实施风险管理的步骤如下。

（1）对照标准比较风险。将风险分析期间确定的风险等级与已有的风险评估标准进行比较。

（2）确定风险优先顺序。可利用风险分析确定的风险等级（如"极高"、"高"、"中等"、"低"等）来确定风险优先顺序。注意在同一风险等级内也需要确定优先顺序，例如同是"高"风险，要确定哪一个是较为严重的。

（3）决定风险的可接受性。表 4-1 可以用于决定哪些风险不可接受或需要处置。

表 4-1　风险等级和可能的行动路线

风险等级	可能的行动路线
极高风险	需要立即采取行动
	需要行政关注
	建议进一步调查假定分析或脆弱性
高等风险	需要高层管理者关注
	可能要求进一步调查假定分析或脆弱性

风险等级	可能的行动路线
中等风险	可能需要采取某些行动
	必须详细说明管理职责
低等风险	不需要采取行动
	按常规程序处理

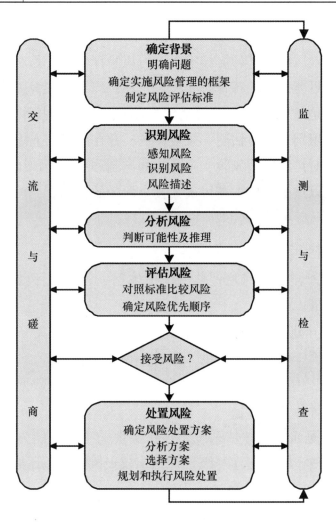

图 4-1　风险管理过程

二、海洋灾害风险评估与管理

近几十年来，异常严重的台风、风暴潮、海啸、海浪、海冰、海平面上升等一系列海洋灾害在全球范围内频繁发生，给世界各国的社会经济发展带来越来越严重的影响和损失。因此，对这些重大海洋灾害进行系统的分析与研究显得非常重要。

（一）海洋灾害风险评估与管理的任务

海洋灾害评估是对一定时期内风险区遭受不同强度海洋灾害的可能性及其可能造成的后果进行的定量分析和评估。其内涵主要包括两个层次：一是对灾害风险区内的某种海洋灾害进行风险评估；二是对灾害风险区内一定时间段内可能发生的各种海洋灾害之和，即综合灾害进行评估。海洋灾害风险管理是研究海洋灾害发生的规律和风险控制技术的一门管理学科，通过风险识别、风险估测、风险评估，并在此基础上优化组合各种风险管理技术，对海洋灾害风险实施有效的控制和妥善处理风险所致损失后果，期望达到以最少的成本获得最大安全保障的目标。

海洋灾害风险评估与管理研究主要任务如下。

1. 建立海洋灾害风险评估系统

（1）建立海洋灾害风险评估的指标体系、各种参评因子的标准、风险度的分级标准。

（2）研究并建立各类海洋灾害危险性、脆弱性、灾害损失程度和风险指数、风险值、风险等级（度）的计算模式。

（3）建立以 GIS 为基础的海洋灾害风险评估基础数据库，包括自然变异与社会经济两个部分。

（4）建立海洋灾害评估系统，其要实现的主要功能为：风险指数评估、风险值评估、风险度（等级）评估、减灾风险效益评估。

2. 编制海洋灾害风险图

（1）灾害风险区划图：为了反映海洋灾害风险分布的地区差异，需编制单种的与综合的海洋灾害风险图。

（2）海洋灾害风险时间变化图：为了反映海洋灾害风险程度随时间变化的规律，编制以时间横坐标，以风险程度（风险指数、风险值、风险度）为纵坐标的图件。

（3）海洋灾害风险图件：为综合反映海洋灾害时间与空间变化规律

而编制的三维图件。

3. 海洋灾害风险管理研究

海洋灾害风险管理主要有两种手段：工程手段和非工程手段。工程手段是在海洋灾害发生前通过各种工程措施，如筑堤、建坝等对海洋灾害进行防御，增强承灾体的抗灾能力，减少一般海洋灾害发生造成的损失，将损失的严重后果降低到最低程度；非工程手段是通过对人们进行风险教育、制定风险管理对策、经济手段、灾害保险等手段来降低风险区的风险。在进行风险管理时以上两种手段要结合使用才会达到风险管理的最佳效果。

（二）海洋灾害风险评估与管理的目标与要求

海洋灾害风险评估与管理就是以海洋灾害为研究对象，借助现代的"3S"（GIS、RS、GPS）技术手段和计算机网络技术、灾害模拟评估技术、灾害风险预警与评估技术，结合多学科交叉与综合的理论及方法和国外先进的研究成果，在全面调查研究我国海洋灾害区域成灾、发生分布规律的基础上，研究海洋灾害的危险性分析、损失评估与预测、海洋灾害脆弱性分析、减灾能力分析、风险估算与评估及减灾决策的定量、综合研究方法和手段，编制海洋灾害风险区划图系，提出我国及分区域的海洋灾害风险综合管理对策体系，研制国家和地区海洋灾害风险评估、预警及风险管理辅助决策系统，并直接为制定海洋灾害管理对策、经济建设和发展规划服务。同时，研究适合我国国情的海洋灾害风险管理理论与机制，探讨实施海洋灾害风险管理的推进机制。

通过海洋灾害的风险评估和管理，完善海洋灾害预警应急体系与应急响应机制，可对我国主要海洋灾害及其部分衍生灾害进行更为有效的检测、预报、预警，对生态环境变化进行动态监测，更好地开发利用海洋资源，变害为利，减轻海洋灾害的损失，增强我国应对气候变化的能力，促进区域社会经济的可持续发展。

（三）海洋灾害研究的内容和风险评估程式

针对主要海洋灾害研究、控制和管理的薄弱环节，以提高海洋灾害的综合管理能力和实现海洋灾害应急反应与救援决策的数字化、信息化、自动化和可视化水平为目标，借助现代的"3S"技术手段、灾害模拟评估技术、灾害风险评估与预警预报技术、虚拟现实技术、决策支持系统与应急管理技术，结合多学科交叉与综合的理论和方法及国外先进的研究成果，通过开展主要海洋灾害成灾机理及时空分布格局、监测预警指标和模型、预测与情景模拟方法、影响评估及损失评估方法、风险评估技术体系和应急救灾技术等关键问题的研究，构建具有我国特点的海洋灾害监测预警、风险评估和应急管理决策支持系统。其重点是海洋灾害风险评估指标体系、评估方法与模型的建立、基于风险评估的应急管理预案的制定和应急反应体系及其辅助决策支持系统的构建。

主要研究内容如下。

（1）主要海洋灾害成灾机理及时空分布格局研究

认识海洋灾害的成灾机理和规律是预防海洋灾害的关键。根据已有资料系统开展主要海洋灾害的成灾机理研究；主要海洋灾害发生发展规律、变化趋势及时空分布研究；基于全球变化的海洋灾害重灾害年早期诊断及预测方法研究。

（2）海洋灾害实时监测与快速预警技术研究

以"3S"技术为依托，以遥感探测技术为核心，建立海洋灾害快速检测、预警预报系统；在完善海洋灾害预报方法、深化海洋灾害形成机理和成灾标准及评估、预警方法的基础上，建立一个定量化和自动化程度高、综合性和系统性强的海洋灾害监测预警技术服务体系。提高海洋灾害的监测预警水平和服务能力，为管理部门和生产部门防灾减灾快速提供决策依据。

（3）海洋灾害损失评估、影响评估的方法与技术研究

利用历史海洋灾害统计数据，采用模糊数学法、灰色系统法、层次分析法、BP模型、信息扩散技术等数量分析技术与方法研究海洋灾害对人类社会影响和损失的评估指标体系与模型方法、海洋灾害造成的生态环境经济损失估价理论和方法；研究确定海洋灾害灾情划分的方法和标准、海洋灾害损失预测方法。在上述研究的基础上利用多源遥感信息和社会经济数据建立海洋灾害应急灾害评估模型。

90

（4）海洋灾害风险评估基本程式与方法研究

借助"3S"技术、可视化技术、虚拟技术、灾害风险评估方法、计算机模拟与仿真技术、模糊数学法、灰色系数法、层次分析法、BP模型、信息扩散技术等复合数量分析技术与方法，在海洋灾害危险性分析、海洋灾害暴露性评估、海洋灾害脆弱性与防灾减灾能力评估的基础上，研究海洋灾害评估指标体系、基本程式（图4-2）、评估模型，开发海洋灾害风险评估软件，研究确定海洋灾害风险等级划分的方法标准，绘制海洋灾害风险区划图系，研究海洋灾害风险情境仿真模拟和可视化技术方法。

（5）海洋灾害风险管理对策与应急反应体系研究

在上述研究的基础上，利用风险管理与应急管理的理论和方法，开展海洋灾害风险决策分析方法研究、基于风险评估的海洋灾害应急预案编制与减灾规划制定研究、海洋灾害投资效益评估及最优化对策研究、海洋灾害救援力量布局的优化分析方法研究、海洋灾害防灾减灾资源布局的优化分析方法研究、海洋灾害应急管理能力评估指标及方法研究。研究适合于我国国情的海洋灾害风险与应急管理体制，探讨实施海洋灾害风险与应急管理的推进机制。

（6）海洋灾害应急管理决策支持系统研究

在上述研究的基础上，采用多维空间信息，借助计算机技术、网络技术、多媒体技术、可视化技术、虚拟技术及决策支持系统技术，建立海洋灾害数据库（主要包括海洋灾害历史数据库、背景数据库和评估数据库等）、遥感图像的处理和解译及快速遥感数据分析处理系统，经过系统集成，建立集基础数据库、方法与模型库、图形生成库、海洋灾害监测预警、损失评估与情景模拟、风险评估、减灾规划与应急预案生成库、结果显示与查询库为一体的海洋灾害应急管理决策支持系统。同时，通过网络技术与GIS技术、数据库技术、多媒体技术、虚拟现实技术等有机结合，使研究结果可视化，实现海洋灾害风险评估、管理与对策等信息共享和应用服务，向决策部门和地方有关政府提供及时、准确、权威、生动直观、信息丰富的信息服务和辅助决策支持。

三、海平面上升风险评估理论

全球海平面上升是人类引起的气候变化所导致的重要后果之一，而受

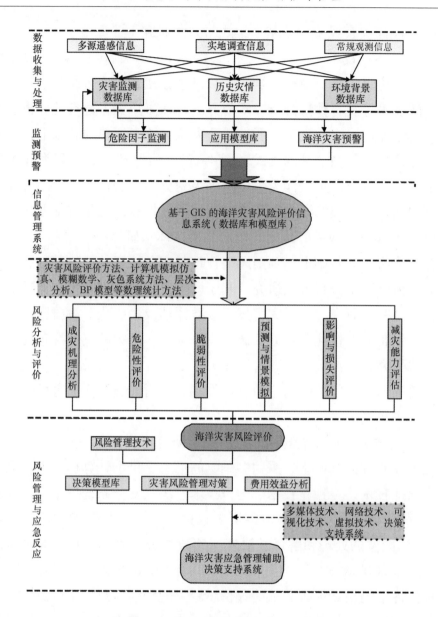

图 4-2 海洋灾害风险评估的一般程式

海平面变化影响最为直接和严重的是沿海地区。海岸带是地球上人口最为密集的地区，全球超过 50% 的人口生活在距海岸线 100 千米以内的区域，而且这个数字在未来的 20 年可能会继续增长 25 千米，沿海地区也是海、陆、气相互作用的生态过渡带，复杂的生态系统对海平面的变化表现得敏感而脆弱。2005 年启动的海岸带陆-海相互作用第二阶段计划（LOIC-ZII）中的 5 个研究主题（海岸系统脆弱性与灾害对社会的影响、全球变化对海岸带生态系统与可持续发展的影响、人类对流域 – 海岸带相互作用的影响、海岸与陆架水体的生物地球化学循环、通过海陆相互作用管理实现海岸系统可持续性），都包含了至少一项核心议题关注全球变化对海岸带的影响，海岸带面临的未来全球变化的风险受到广泛的关注。

（一）评估框架

未来全球海平面上升与区域地面沉降叠加导致的地区性相对海平面上升，通过改变海岸带自然系统使沿海社会经济系统和生态系统面临风险。海平面上升对海岸带影响的研究主要集中在海岸侵蚀、海水入侵、风暴潮淹没和湿地丧失等风险评估。图4 – 3为海平面上升的综合风险评估示意图（段晓峰等，2008）。

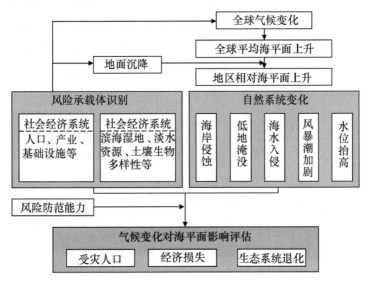

图4 – 3　海平面上升的综合风险评估示意图（段晓峰等，2008）

1. 全球性绝对海平面变化的预估

全球性的绝对海平面上升主要是由于全球气候变暖导致海水热膨胀与陆地冰雪消融（大陆冰川与极地冰盖）所引起的。然而与未来气候变化预估相比较，海平面变化预估的难度更大，预估方法的成熟度和可靠性更低一些，这主要是由于对海水热膨胀和冰川冰盖消融的机制与关键过程的计算尚存在较大的不确定性。政府间气候变化专门委员会（IPCC）第三次评估报告对于全部排放情景预估的1990—2100年期间全球海平面上升幅度在 0.09~0.88 米之间,中值为 0.48 米。IPCC 第四次评估报告指出:自 20 世纪中期以来,气候系统变暖是毋庸置疑的,目前从观测得到的全球平均气温和海温升高、大范围的雪和冰融化以及全球平均海平面上升的证据支持了这一观点。1961—2003 年全球海平面每年平均上升 1.8 毫米(1.3~2.3 毫米)(IPCC,2007)。而 1990 年以来,根据观测结果,实际海平面上升幅度要大于 IPCC 的预估值,人类目前对于海平面上升机理的认识存在局限性,影响了基于过程的物理模型的预估效果,因此采用半经验模型不失为一种较好的方法。根据 Rahmstorf(2007)的最新研究结果,0.5~1.4 米似乎更符合海平面上升的实际情况。

2. 地区性相对海平面变化的预估

地区性相对海平面变化是特定岸段的地面与海面之间相对位置的变化,是各地验潮站可以实测到的海平面的实际变化。未来全球海平面上升对于地面沉降的海岸带会加剧其风险,对于地面抬升的地区可能会被抵消而不受影响,因而对未来相对海平面变化的预估更具有现实意义。仅就我国而言,不同地区的地壳垂直运动差异很大,大部分海岸带由于构造运动的沉降性质或新近沉积层的压实作用而处于地面下沉之中,近几十年来人为过度抽取地下流体在很多沿海地区加剧了地面沉降,如渤海湾地区和长江三角洲地区。根据区域地面升降变化与全球性绝对海平面变化预估结果的叠加得出未来相对海平面变化。

对地面沉降进行预测计算的模型主要分为两类:生命旋回模型,直接由沉降量和时间的关系构成;土水(或其他液体)模型,多由水位预测模型和土层压密模型构成。前者相对简单,后者较为复杂,要求资料全面丰富。前者主要包括统计回归、灰色预测模型以及人工神经网络模型;后者则以三维数值模拟地下水流与地层变化为研究热点。

3. 海岸侵蚀

海平面上升引起海岸侵蚀的研究,主要是通过建立模型模拟不同海平面上升速率下海岸侵蚀距离与侵蚀范围。国内外广泛应用的海岸侵蚀模型是基于均衡剖面假设的 Bruun 法则。Bruun 法则是一种描述海平面上升与海岸侵蚀之间关系的二维概念模型,但是模型建立的基本假设在实际海岸中难以实现,因此在海岸侵蚀预测中往往存在较大误差。根据不同岸段实际情况，将泥沙来源、海洋波浪作用、风暴潮等方面纳入海岸侵蚀模拟，应用改进的 Bruun 法则计算海平面上升对海岸侵蚀的影响取得了较好的效果。在资料丰富全面的情况下，采用数值模型研究海平面上升对海岸侵蚀的影响是较为理想的方法。Leontyev 根据沉积物守恒原理，建立形态动力学模型，针对不同时间尺度，模拟了短期极端事件（风暴潮）和长期海平面变化对海岸侵蚀的影响，取得了较好的效果。SCAPE（Soft Cliff And Platform Erosion）模型是一种测定海岸剖面重塑和后退的基于过程的数值模型，综合考虑波、潮、海平面、泥沙搬运等多方面因素，在海平面上升对海岸侵蚀影响的研究中得到较好的应用。

4. 海水入侵

相对海平面上升引起海水入侵地表河流与地下含水层。对于海水入侵地表水，小径流量的河流受到相对海平面上升的影响较大，但多数入海小流域河口处已建设防潮闸，或已经成为城市污水排放的渠道；径流量较大的河流海水入侵一般发生在枯水季，计算海平面上升后海水入侵河口距离多采用经验模型。

大多数海水入侵研究集中于相对海平面上升对海水入侵地下含水层的影响，经历了从理想假定到合理概化，从室内实验模型、理想模型到数值模型这一发展过程。数值方法已成为模拟和求解海水入侵问题的最有力工具。概括起来，研究海水入侵的模型按研究对象可分为突变界面模型与基于海水–淡水以弥散带接触的过渡带模型。海水入侵的过渡带模型成为主要的研究方向。国内海水入侵数值模拟计算具有代表性的是吴吉春和成建梅的研究，前者利用改进特征有限元法来求解高度非线性的海水入侵问题，所求解的三维海水入侵数学模型以交换阳离子 Na^+、Ca^{2+} 作为模拟因子，考虑了水–盐间的阳离子交换作用；后者建立了三维变密度对流–弥散水质数学模型来研究山东烟台夹河中、下游地区咸淡水界面的运移规律，此外还预测了几种情况下地下水的水质演化趋势。国际上海水入侵数值模拟研究同样经历了由简单到复杂的过程，最新研究广泛应用 SEAWAT–2000 三维模型对变密度地下水流和盐分运移进行模拟。

5. 风暴潮淹没

海平面上升使平均海平面及各种特征潮位相应增高，水深增大，波浪作用增强，因此，海平面上升增加了大于某一值的风暴增水出现的频次；同时，风暴潮增水与高潮位叠加，将出现更高的风暴高潮位，使得风暴潮的强度也明显增大。风暴潮是对海岸带危害最大的海洋灾害之一，因此在海平面上升风险评估中，对风暴潮淹没风险的研究最多。

预测海平面上升与风暴潮加剧之间的数量关系是淹没风险评估的第一步，但两者之间并不是简单的线性关系，通过海平面上升与极值潮位的线性叠加不能反映真实的风险。于宜法等在海平面上升对极值水位与潮波变化的影响研究中验证了两者的非线性关系，并通过数值模拟计算了海平面上升引起的沿岸潮波和水位的变化。Leckebusch 和 Ulbrieh 应用全球气候模型和区域气候模型模拟了不同温室气体排放情景下欧洲地区温带气旋和极端风暴事件所引起的变化。

在风暴潮淹没风险评估中，早期研究多采取简单的"高程－面积法"计算风暴潮淹没范围，不适用于有防潮堤保护的沿海低地。张行南等分别对有工程条件下的溃堤式淹没和无工程条件下的漫滩式淹没建立洪水淹没模型，对风暴潮淹没风险进行了评估。Bates 和 DeRoo（2000）建立的二维栅格数值模型被广泛应用于河流洪水淹没和风暴潮淹没范围的模拟计算中，具有较好的模拟效果。

6. 湿地损失

海平面上升引起的滨海湿地损失是海岸侵蚀、海水入侵、风暴潮淹没共同作用的结果，湿地损失包括面积损失和生态服务功能损失。较多的研究通过计算海岸侵蚀与风暴潮淹没引起的湿地面积损失反映海平面上升对滨海湿地生态系统的风险，多采用宏观研究方法进行评估。而全面反映滨海湿地生态系统面临的风险，还应包括潜在损失，如生产力下降、生物多样性丧失、淡水循环系统破坏、湿地生态系统服务功能退化等，这就需要借助试验手段等微观研究方法。然而，将两者结合进行湿地损失的综合风险评估研究却较为少见。

（二）研究进展

对于海平面风险评估研究目前主要从以下三个方面开展：① 风险区域识别，根据 DEM、行政区划图等空间数据库借助 GIS 工具获得可能遭受海平面上升的影响区域；② 脆弱性评估，结合社会经济数据等属性数据库利用模型建立风险地区的脆弱性评价体系，评估风险区域的风险等级等；③ 综合评估气候变化情景下区域受到的影响，并提出应对策略等。

1. 沿海地区的系统风险

气候变化和海平面上升作为一种客观的、带有一定不确定性的灾害事件，影响着海岸的自然演变过程，如相对海平面上升将对海岸带大范围的生物和物理环境产生影响，继而对沿海地区的人类活动及其社会经济产生风险。海平面上升的影响可分为直接影响与间接影响，或生物地球物理影响与潜在的社会经济影响。全球海平面上升将带来严重影响，已引起各国政府和科学家的广泛关注。Nicholls（1996）提出美国适应海平面上升所应采取的措施。Titus（1998）还研究了如何保护湿地和海滩而不损害财产所有人的利益。国内，杜碧兰等（1997）探讨了海平面上升对中国海岸带三大脆弱区社会经济发展的潜在影响，应用 GIS 技术计算了可能淹没的面积并编制了海水淹没范围图件，评估了经济损失和受灾人口数，并进行了防护对策选择的成本效益分析。刘杜鹃（2005）等分析研究了长江三角洲地区的相对海平面的影响等。李猷（2009）等以深圳为例研究了海平面上升对生态系统的影响。

河流入海口及其三角洲是人类最早的发祥地之一，但近代强烈的人类活动造成海岸系统功能衰退、脆弱性增强、风险加剧。大河三角洲的沿海地区集聚了大量的人口，高强度的开发导致海岸系统对于环境变化的恢复力降低，使海岸带处在突变的风险之中。人类活动对海岸带的影响可分为两个方面：一是人类活动影响全球环境和气候变化，进而引起全球海平面上升和滨海平原地面沉降，加剧了海岸系统风险发生的可能；二是人类活动正改变着海岸带和滨海平原的物理环境及其演进方向，包括水动力条件、沉积物输运、地貌形态的变化等。人类活动中的土地利用、城市建设、筑堤建闸、围海造地等导致河流入海水沙通量减小、海岸湿地面积缩减等诸多问题。

Daniel（1999）分析了 21 世纪海平面上升将给社会带来的淹没损失及所需防护费用，指出：为适应海平面上升，联邦紧急事件管理署（FEMA）必须采取不同的措施来完善国家洪水保险计划（NFIP）。刘岳峰等

（1998）进行了辽河三角洲地区海平面上升趋势及其影响评估研究，计算了海平面上升不同情景下、不同土地利用类型的淹没面积，并分析了海平面上升对该地区的影响及采取的相应措施。

2. 沿海地区脆弱性评估

脆弱性评估方法可分为综合评估方法和单一影响评估方法。综合评估是指海平面上升对沿海地区的脆弱性的各方面进行全面评估并得出定量或非定量化的结果。主要评估方法有多判据决策分析法、指数法、决策矩阵法、分布式过程模型法、三角洲综合行为概念模型法、数值模型法、模糊决策分析法等。最早的方法是基于 Gornitz 于 1991 年提出的海岸脆弱性指数（Coastal Vulnerability Index）和风险等级（Risk Class）的概念，已应用于美国太平洋和大西洋海岸的评估中。多判据分析方法最早用于环境、经济和资源管理评估，后被引入海岸脆弱性评估中。Frithy（2003）提出海岸脆弱性评估判别标准应包括地形垂变、相对海平面上升、土地类型、潟湖沙坝宽度、滩面坡度、被抬高的要素（如沙坝）、岸线侵蚀与淤积、岸线保护工程等。El - Raey（1999）等根据 IPCC 通用方法，采用多标准、决策矩阵方法和问卷调查，对尼罗河三角洲地区进行了详细定量评估。Bryan（2001）等提出分布式过程模型，选取高程、方位、地貌和坡度四个自然环境参数，评估海平面上升海岸脆弱性。Sánchez - Arcilla（1996）等结合淤长、沉积、土壤构成、海岸边缘区响应等方法，提出三角洲综合行为概念模型，进行三角洲海岸脆弱性评估。

在我国沿海地区脆弱性评估方法研究方面，1991 年任美锷参照地面沉降率、风暴潮频率和强度、海岸侵蚀及海岸防护工程状况，首次对我国主要的大河三角洲进行了海平面上升影响评估。1993 年中国科学院地学部组织对珠江、长江、黄河和天津地区进行了海平面上升影响调研，并出版了调研报告。按照 IPCC CZMS（Coastal Zone Management Subgroup）方法，我国学者应用遥感影像和地理信息系统技术，根据土地利用类型、海岸蚀积动态、地形变化等的对照分析，预测海平面上升对环境和社会经济的影响，或采用机理分析、趋势分析等多种研究方法相结合对海岸带进行系统研究，避免孤立分析某一影响类型和采用单一方法分析的局限性。我国学者尝试了 IPCC 预案的应用，研究中兼顾了最高水位和有无防潮堤两种因素；针对面积广阔、微地貌条件复杂且有海堤保护的大河三角洲和滨海平原，发展了海岸环境变化易损范围确定和易损性评估方法。张伟强（1999）等建立了海平面灾害综合评估因子指标体系，引入了抗灾能力指数和影响时效概念，提出了综合灾害评估模型。施雅风（2000）等选取相对海平面上升量、地面高程、沿海平均潮差、潮滩淤积速率、潮滩损失率、海堤增加高度、人口密度、产值密度8个评价因子，各评价因子分为5个等级，计算海平面上升影响指数（SRI），进行海平面上升影响分区划分。近年来，大量研究涉及海平面上升对海岸环境和社会经济的影响，重点在于海平面上升对我国大型三角洲及其沿岸大中城市的影响，多数研究利用多时相遥感和GIS技术对海岸受淹面积、受淹人口、港口及防洪排涝设施、水质变化、风暴潮灾害、相关费用等方面进行分析或估算，并尝试分析和预测人类活动影响在海平面上升中所占份额。

3. 应对策略

海平面上升作为一种海洋灾害，其长期积累的结果将对沿海地区特别是经济发达地区的社会稳定、经济发展带来严重影响。但只要采取合理的对策和防范措施，就可以有效控制和减轻海平面上升的不利影响（李秀存，1998；施雅风，2000）。

（1）在近海工程项目建设和经济开发活动中，充分考虑海平面上升的影响，特别是在防潮堤坝、沿海公路、港口和海岸工程的设计过程中，将海平面上升作为一种重要影响因素来加以考虑，提高其设计标准。

（2）严格控制和规划地下流体（水、石油、天然气等）的开采，并在沿海地区控制密集型高层建筑群的建设，以有效控制地面沉降，减缓海平面上升速度。

（3）保护沿海湿地、河口和洪积平原，减缓海岸侵蚀，提高自然防御能力。

（4）加强海平面变化监测能力建设，开展海平面变化及影响对策研究，建立区域性海平面上升影响评价系统，提高灾害预警预防能力。

（三）发展方向

目前我国关于海平面上升风险评估的研究还处于起步阶段，相关评估工作开展得还比较初步，未来在海平面上升风险评估方面还有很大的发展潜力。

1. 风险评估由单一向综合

评估在未来海平面上升情景下面临的风险，通过确定不同自然系统变化（海水入侵、风暴潮加剧、海岸侵蚀、低地淹没等）分别造成沿海地区的损失情况，采用风险人口、可能经济损失和湿地面积损失来反映不同风险类型和危害程度，已有的多数研究往往止于此，未能进一步建立综合的风险评估体系，致使实际的整体风险损失得不到充分体现。

社会、经济、生态风险的综合，需要对不同风险损失进行单位统一。若统一为货币单位，需要应用间接经济价值评估方法，生态系统服务功能计算方法可以将海平面上升的社会风险和生态风险统一为货币表示的经济损失量。此外，还可以将不同类型风险损失统一为能量单位，能值理论在损失风险评估体系中的应用不失为一个较好的途径。

2. 风险评估方法由经验向机理

由于目前对全球变化引起的海平面上升机理认识存在一定的局限性，在海平面变化预估中仍有许多方面的不确定因素，而且目前对海平面上升引起的海岸带自然系统变化机制的研究尚不完善，因此在海平面上升的风险评估研究中仍采取较多的经验模型或半经验模型，对于资料要求较高，也缺乏对未来情景模拟的可靠性。

针对以上情况，一方面需要加强全球气候变化的机理研究，以及全球气候变化对海平面变化的影响机制，建立具有物理意义、更为准确的气候－海洋耦合模型模拟不同时间尺度的海平面变化；另一方面，对全球变化机理的深入了解可能需要较长时期和大量研究的积累，在目前情况下进行海平面上升的风险评估，可以通过多情景设置、复合情景模拟降低未来变化中不确定因素的影响，例如，对社会经济发展进行预测，可以根据区域发展现状、未来发展趋势和战略定位设置多个发展情景，再结合未来海平面上升的多种情景，模拟未来不同风险模式下的可能社会、经济、环境影响和损失情况，评估得到的风险不是某个数值，而是一个范围，更具有可信度。

3. 风险评估尺度由全球、区域到地区

由于地区自然环境与社会经济发展水平差异较大，对全球变化带来的影响表现出的敏感性和脆弱性不同，地方管理部门和决策者应对未来全球变化的防范措施和适应性管理也不完全一致，因此评估区域尺度，特别是地区尺度海平面上升的风险更具有实际意义。区域或地区海平面上升风险评估，需将全球变化作为背景，结合区域或地区社会经济发展模式，综合分析全球变化和区域、地区人类活动干扰共同作用下的自然系统变化，通过建立一系列区域或地区未来自然系统变化情景，评估不同发展模式下海平面变化带来的影响。同时，区域或地区海平面上升风险评估需要纳入区域或地区发展与管理的决策体系中，才能更有效地为区域或地区对资源理性开发与合理利用提供科学依据。在区域或地区尺度进行海平面上升的风险评估存在一个制约性因素，即地区观测资料的完整性，全球海平面变化与海岸带自然系统变化的长期监测站点数量有限，在今后的研究中，需要借助全球观测网络的完善和数据共享才能更好地将海平面上升风险评估的研究尺度从全球转化为区域或地区。

四、海平面上升风险评估方法

由于评估的对象、目的和应用需求不同，海平面上升风险评估的具体方法也存在一定的差异。这里主要对本书采用的以服务于全国海平面上升综合管理为目的的宏观评估和区划方法进行介绍。

(一) 灾害风险形成要素

1. 承灾背景

主要包括自然背景和社会经济背景两个方面。自然背景有：天气气候条件，如大气环流和天气系统，主要包括影响该地区各个时期的环流系统和各种尺度的天气气候背景；水文条件，主要指潮位、水位、海流、波浪变化等；地形地貌，主要包括海拔、高差、走向、形态、流域、水系等；植被条件，主要涉及植被类型、覆盖率、分布等。社会经济背景主要包括人口数量、分布、密度，厂矿企业的分布，农业、工业产值和总体经济水

平等，还包括现有灾害防治能力。背景因素通常被理解为风险载体对破坏或损害的敏感性。

2. 致灾体活动要素

灾害产生和存在与否的第一个必要条件是要有风险源。灾害风险中的风险源也称灾变要素，主要反映灾害本身的危险性程度，主要包括：灾害种类、灾害活动规模、强度、频率、致灾范围、灾变等级等。这种过程或变化的频度越大，那么它给人类社会经济系统造成破坏的可能性就越大；过程或变化的异常程度越大，它对人类社会经济系统造成的破坏就可能越强烈；相应地，人类社会经济系统承受的来自该风险源的灾害风险就可能越高。在灾害研究中，风险源的这种性质通常被描述为危险性。

3. 承灾体特征要素

有危险性并不意味着灾害就一定存在，因为灾害是相对于行为主体——人类及其社会经济活动而言的，只有某风险源有可能危害某社会经济目标——某承灾体后，对于一定的风险承担者来说，才承担了相对于该风险源和该风险载体的灾害风险。承灾体特征要素主要反映承灾体的脆弱性、承灾能力和可恢复性，主要包括承灾体的种类、范围、数量、密度、价值等。

4. 破坏损失要素

主要反映承灾体的期望损失水平，主要包括损失构成，即受灾种类、损毁数量、损毁程度、价值、经济损失、人员伤亡等。

5. 防治工程要素

主要包括灾害防治工程措施、工程量、资金投入、防治效果和预期减灾效益等。

（二）灾害风险形成机制

自然灾害是指由于自然变异因子对人类和社会经济活动造成损失的事件。自然灾害风险指未来若干年内由于自然因子变异的可能性及其造成的损失程度。

海洋灾害既具有自然属性，也具有社会经济属性，无论是自然因子异常或是人类活动都可能导致海洋灾害发生。因此，海洋灾害风险是普遍存在的。同时海洋灾害风险又具有不确定性，其不确定性一方面与自然因子自身变化的不确定性有关，也与认知与评估海洋灾害的方法不精确、评估的结果不确切以及为减轻风险而采取的措施有关。因此，海洋灾害风险的大小，是由灾害危险性、暴露性、脆弱性以及防灾减灾能力这四个因子相互作用决定的。其数学计算公式为：海洋灾害风险度 = 危险性（度）×暴露性（受灾财产价值）×脆弱性（度）×防灾减灾能力。

灾害危险性（hazard），是指灾害的异常程度，主要是由于危险因子活动规模（强度）和活动频次（概率）决定的。一般危险因子强度越大，频次越高，灾害所造成的破坏损失越严重，灾害的风险也越大。

暴露性（exposure）或承灾体，是指可能受到危险因子威胁的所有人和财产，如人员、房屋、农作物、生命线等。一个地区暴露于危险因子的人和财产越多即受灾财产价值密度越高，可能遭受潜在损失就越大，灾害风险越大。

承灾体的脆弱性（vulnerability），是指在给定危险地区存在的所有人和财产，由于潜在的危险因素而造成的伤害或损失程度，其综合放映了自然灾害的损失程度。一般承灾体的脆弱性越低，灾害损失越小，灾害风险也越小，反之亦然。承灾体的脆弱性大小，既与其物质成分、结构有关，也与防灾力度有关。

防灾减灾能力（emergency response & recovery capability），表示受灾区在短期和长期内能够从灾害中恢复的程度，包括应急管理能力、减灾投入、资源准备。防灾减灾能力越高，可能遭受潜在损失就越小，灾害风险越小。

（三）概念框架和指标体系

基于自然灾害风险形成机制和海平面上升致灾过程及原理，建立海平面上升风险概念框架，分别从危险性（H）、暴露性（E）、脆弱性（V）和防灾减灾能力（R）四个方面对海平面风险进行评估。海平面上升的危险性主要考虑自然因素的影响，评估海平面变化、地形状况和潮位水位三个方面；海平面上升及其引发的次生灾害会对社会经济和人民生产生活产生较大影响，主要从人口和经济两个方面分别评估海平面上升的暴露性和脆弱性；科学地应对海平面上升能够减缓相对海平面上升和降低灾损程度，主要从人力和财力两个方面评估防灾减灾能力。

根据海平面上升风险概念框架（图4-4），可以结合我国沿海地区各评估区的实际情况和资料获取的难易程度，选取相关指标并确定海平面上升风险指标体系，用来描述海平面上升风险。

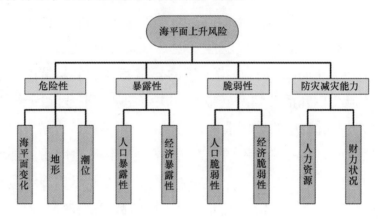

图4-4　海平面上升风险概念框架

（四）指标权重计算

风险评估中由于各项指标的特征和影响程度不同，需对各个指标分配一个权重值，以便使风险的评估更加合理可靠。指标权重的计算一般采用层次分析法。

层次分析法（analytic hierarchy process，简称AHP）是对一些较为复杂、较为模糊的问题作出决策的简易方法，它特别适用于那些难以完全定量分析的问题。层次分析法是美国运筹学家、匹兹堡大学萨第（T. L. Saaty）教授于20世纪70年代初期提出的一种简便、灵活而又实用的多准则决策方法。

运用层次分析法建模，大体上可按下面四个步骤进行，具体流程见图4-5。

1. 递阶层次结构的建立

应用AHP分析决策问题时，首先明确要分析决策的问题，并把问题条理化、层次化，构造出一个有层次的结构模型。在这个模型下，复杂问

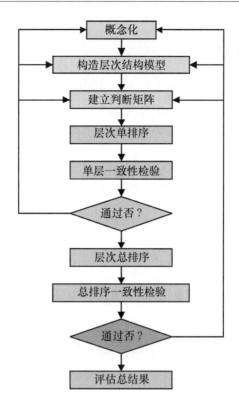

图 4-5 AHP 使用步骤

题被分解为元素的组成部分。这些元素又按其属性及关系形成若干层次。上一层次的元素作为准则对下一层次有关元素起支配作用。这些层次可以分为以下三类。

（1）最高层：这一层次中只有一个元素，一般它是分析问题的预定目标或理想结果，因此也称为目标层。

（2）中间层：这一层次中包含了为实现目标所涉及的中间环节，它可以由若干层次组成，包括所需考虑的准则、子准则，因此也称为准则层。

（3）最底层：这一层包括了为实现目标可供选择的各种措施、决策方案等，因此也称为措施层或方案层。

明确各个层次的因素及其位置，并将它们之间的关系用连线连接起来，就构成了递阶层次结构。递阶层次结构中的层次数与问题的复杂程度及需要分析的详尽程度有关，一般的层次数不受限制。每一层次中各元素所支配的元素一般不要超过 9 个，这是因为支配的元素过多会给两两比较判断带来困难。

2. 构造判断矩阵

层次结构反映了因素之间的关系，但准则层中的各准则在目标衡量中所占的比重并不一定相同，在决策者的心目中，它们各占有一定的比例。

在确定影响某因素的诸因子在该因素中所占的比重时，遇到的主要困难是这些比重常常不易定量化。此外，当影响某因素的因子较多时，直接考虑各因子对该因素有多大程度的影响时，常常会因为考虑不周全、顾此失彼而使决策者提出与其实际认为的重要性程度不相一致的数据，甚至有可能提出一组隐含矛盾的数据。

设现在要比较 n 个因子 $X = \{x_1, x_2, \cdots, x_n\}$ 对某因素 Z 的影响大小。为了得到可信的数据比较结果，Saaty 等建议可以采取对因子进行两两比较建立成对比较矩阵的办法，即每次取两个因子 x_i 和 x_j，以 a_{ij} 表示 x_i 和 x_j 对 Z 的影响大小之比，全部比较结果用矩阵 $A = (a_{ij})_{n \times n}$ 表示，称 A 为 $Z - X$ 之间的成对比较判断矩阵（简称判断矩阵）。显然判断矩阵具有下述性质：

$$a_{ij} > 0;$$
$$a_{ij} = \frac{1}{a_{ji}}(i,j = 1,2,\cdots,n);$$
$$a_{ii} = 1(i = 1,2,\cdots,n)$$

满足上述性质的矩阵 A 称为正互反矩阵，因此，对一个有 n 个元素的判断矩阵只需给出其上（或下）三角的 $\frac{n(n-1)}{2}$ 个元素就可以了，也就是说只需要作 $\frac{n(n-1)}{2}$ 次判断即可。

关于如何确定 a_{ij} 的值，Saaty 等建议引用数值 1~9 及其倒数作为标度（表4-2）。

表4-2 标度的含义

标度	含义
1	表示两个因素相比，具有相同重要性
3	表示两个因素相比，前者比后者稍重要

续表

标度	含义
5	表示两个因素相比，前者比后者明显重要
7	表示两个因素相比，前者比后者强烈重要
9	表示两个因素相比，前者比后者极端重要
2，4，6，8	表示上述相邻判断的中间值
倒数	若因素 i 与因素 j 的重要性之比为 a_{ij}，那么因素 j 与因素 i 的重要性之比为 $a_{ij}=\dfrac{1}{a_{ji}}$

从心理学观点来看，分级太多会超越人们的判断能力，既增加了作判断的难度，又容易因此而提供虚假数据。Saaty 等还用实验方法比较了在各种不同标度下人们判断结果的正确性，实验结果也表明，采用 1~9 标度最为合适。

一般地，作 $\dfrac{n(n-1)}{2}$ 次两两判断是必要的。有人认为把所有元素都和某个元素比较，即只作 $n-1$ 次比较就可以了，这种做法的弊病在于，任何一个判断的失误均会导致不合理的排序，而个别判断的失误对于难以定量的系统往往是难以避免的。进行 $\dfrac{n(n-1)}{2}$ 次比较可以提供更多的信息，通过各种不同角度的反复比较，从而得出一个合理的排序。

3. 层次单排序及一致性检验

对于判断矩阵 A 对应于最大特征值 $\lambda_{\max}$ 的特征向量 W，经归一化后即为同一层次相应因素对于上一层次某因素相对重要性的排序权重值，这一过程称为层次单排序。

解判断矩阵的方法有和积法、方根法、幂法等，这里简要介绍和积法。

和积法的原理是，对于一致性判断矩阵，每一列归一化后就是相应的权重。对于非一致性判断矩阵，每一列归一化后近似其相应的权重，再对这 n 个列向量求取算术平均值作为最后的权重。

利用和积法计算判断矩阵最大特征根及其对应特征向量的计算步骤如下：

（1）将判断矩阵每一列归一化：

$$\overline{a_{ij}} = \frac{a_{ij}}{\sum\limits_{k=1}^{n} a_{kj}} (i,j = 1,2,\cdots,n)$$

（2）每一列经归一化后的判断矩阵按行相加：

$$\overline{W_i} = \sum\limits_{j=1}^{n} \overline{a_{ij}} (i,j = 1,2,\cdots,n)$$

（3）对向量 $\overline{W} = (\overline{W_1}, \overline{W_2}, \cdots, \overline{W_n})^T$ 归一化：

$$W_i = \frac{\overline{W_i}}{\sum\limits_{j=1}^{n} \overline{W_j}} (i,j = 1,2,\cdots,n)$$

所得到的 $W = (W_1, W_2, \cdots, W_n)^T$ 即为所求的特征向量。

（4）计算判断矩阵最大特征根 $\lambda_{\max}$：

$$\lambda_{\max} = \sum\limits_{i=1}^{n} \frac{(AW)_i}{nW_i}$$

式中，$(AW)_i$ 表示 AW 的第 i 个元素。

从人类认识规律看，一个正确的判断矩阵，重要性排序是有一定逻辑规律的。例如，若 a 比 b 重要，b 比 c 重要，则从逻辑上讲，a 应该比 c 重要，若两两相比较时出现 c 比 a 重要的结果，则判断矩阵违反了一致性原则，在逻辑上是不合理的。因此，在实际中要求判断矩阵满足大体上的一致性，须进行一致性检验。只有通过检验，才能说明判断矩阵在逻辑上是合理的，才能继续对结果进行分析。

对判断矩阵的一致性检验的步骤如下：

（1）计算一致性指标 CI：

$$CI = \frac{\lambda_{\max} - n}{n - 1}$$

（2）查找相应的平均随机一致性指标 RI：

对 $n = 1, \cdots, 9$，Saaty 给出了 RI 的值，见表 4-3。

表 4-3　RI 的值

n	1	2	3	4	5	6	7	8	9
RI	0	0	0.58	0.90	1.12	1.24	1.32	1.41	1.45

RI 的值是这样得到的，用随机方法构造 500 个样本矩阵：随机地从 1~9 及其倒数中抽取数字构造正互反矩阵，求得最大特征根的平均值 λ'_{max}，并定义：

$$RI = \frac{\lambda'_{max} - n}{n - 1}$$

（3）计算一致性比例 CR：

$$CR = \frac{CI}{RI}$$

当 $CR < 0.10$ 时，认为判断矩阵的一致性是可以接受的，否则应对判断矩阵作适当修正。

4. 层次总排序及一致性检验

上面得到的是一组元素对其上一层中某元素的权重向量。而最终要得到各元素，特别是最底层中各方案对于目标的排序权重，从而进行方案选择。总排序权重要自上而下地将单准则下的权重进行合成。

设上一层次（A 层）包含 A_1，$\cdots$，A_m 共 m 个因素，它们的层次总排序权重分别为 a_1，$\cdots$，a_m；又设其后的下一层次（B 层）包含 n 个因素 B_1，$\cdots$，B_n，它们关于 A_j 的层次单排序权重分别为 b_{1j}，$\cdots$，b_{nj}（当 B_i 与 A_j 无关联时，$b_{ij}=0$）。现求 B 层中各因素关于总目标的权重，即求 B 层各因素的层次总排序权重 b_1，$\cdots$，b_n，即：

$$b_i = \sum_{j=1}^{m} b_{ij}a_j (i = 1, 2, \cdots, n)$$

对层次总排序也需作一致性检验，检验仍像层次总排序那样由高层到低层逐层进行。这是因为虽然各层次均已经过层次单排序的一致性检验，各成对比较判断矩阵都已具有较为满意的一致性，但当综合考察时，各层次的非一致性仍有可能积累起来，引起最终分析结果较严重的非一致性。

设 B 层中与 A_j 相关的因素的成对比较判断矩阵在单排序中经一致性检验，求得单排序一致性指标为 $CI(j)$（$j=1$，$\cdots$，m），相对应的平均随机一致性指标为 $RI(j)$（$CI(j)$ 和 $RI(j)$ 已在层次单排序时求得），则 B 层总排序随机一致性比例为：

$$CR = \frac{\sum_{j=1}^{m} CI(j)\, a_j}{\sum_{j=1}^{m} RI(j)\, a_j}$$

当 $CR < 0.10$ 时，认为层次总排序结果具有较满意的一致性并接受该分析结果。

（五）评估模型

根据海平面上升风险概念框架和自然灾害风险计算公式，利用加权综合评分法，建立海平面上升风险评估模型。

危险度评估模型：

$$H = \sum_{i=1}^{n} H_i a_i$$

其中，H 为危险度指数，H_i 为危险度评估的第 i 个指标，a_i 为第 i 个危险度指标的权重系数，n 为危险度指标的个数。

暴露性评估模型：

$$E = \sum_{i=1}^{n} E_i b_i$$

其中，E 为暴露性指数，E_i 为暴露性评估的第 i 个指标，b_i 为第 i 个暴露性指标的权重系数，n 为暴露性指标的个数。

脆弱性评估模型：

$$V = \sum_{i=1}^{n} V_i c_i$$

其中，V 为脆弱性指数，V_i 为脆弱性评估的第 i 个指标，c_i 为第 i 个脆弱性指标的权重系数，n 为脆弱性指标的个数。

防灾减灾能力评估模型：

$$R = \sum_{i=1}^{n} R_i d_i$$

其中，R 为防灾减灾能力指数，R_i 为防灾减灾能力评估的第 i 个指标，d_i 为第 i 个防灾减灾能力指标的权重系数，n 为防灾减灾能力指标的个数。

风险指数评估模型：

$$SLRI = \frac{H^\alpha \times E^\beta \times V^\gamma}{1 + R^\delta}$$

其中，$SLRI$ 为海平面上升的风险指数，α、β、γ、δ 分别为危险度、暴露性、脆弱性和防灾减灾能力指数的权重系数。

该模型在满足一定条件时对 $SLRI$ 和各因子适用。当风险区没有危险性、暴露性和脆弱性时，那么这里也就没有灾害风险存在，即 $H=0$ 或 $E=0$ 或 $V=0$ 时，$SLRI=0$；当风险区没有实际的防灾减灾能力，那么风险就等同于危险性、暴露性和脆弱性共同产生的后果，即 $R=0$，则 $SLRI=H^{\alpha}\times E^{\beta}\times V^{\gamma}$。

（六）风险值计算及区划

1. 指标定量化

由于各指标的单位和量级不同，为了合理和方便计算，根据各指标的具体特征设置定量化标准，对各指标数据进行定量化处理。

2. 计算风险值

根据已建立的风险评估模型和计算方法，计算各风险区的危险性指数、暴露性指数、脆弱性指数、防灾减灾能力指数和海平面上升风险指数值。

3. 划分风险等级

根据计算的海平面上升风险值的大小和沿海地区海平面上升及影响的现状，设置海平面上升风险度划分标准，依据风险值的大小将风险程度分为微度风险、轻度风险、中度风险和重度风险。

4. 绘制风险区划图件

利用 ArcGIS 软件绘制评估区海平面上升的危险性区划图、暴露性区划图、脆弱性区划图、防灾减灾能力区划图、风险指数区划图和风险区划图。

第五章 中国沿海海平面上升风险评估及区划

海平面上升是缓发性灾害，已经成为人类的主要威胁之一。海平面的持续上升将加剧中国沿海地区土地淹没、风暴潮和洪涝灾害，城市抗灾能力降低，土壤盐渍化加重，以及由咸潮入侵造成的水资源短缺，沿海地区建筑物安全及生态资源受到威胁，直接影响社会经济发展和人民生产生活。为此，分析评估海平面上升的潜在风险，有助于估算全球气候变暖条件下未来中国近海海平面上升的影响程度，对科学应对海平面上升可能造成的影响有着重要的意义。

一、风险识别

气候变化背景下最令人担忧的情景之一是海平面上升及其给沿海城市地区可能造成的严重后果。由于自然资源和贸易发展，沿海地区总是人口和经济活动的集中地。我国有许多大城市分布在沿海地区和大河河口。它们遭受来自海洋的风险日益增加。

（一）沿海低海拔地区

联合国、IPCC、世界银行等国际组织一般定义靠近海岸线、海拔 10 米以下的地区为低海拔沿海地区（LECZ），低海拔沿海地区目前仅占世界陆地面积的 2%，却居住了 13% 的城市人口，是海平面上升和气候变化的脆弱区域。在这一地区的 6 亿居民中，有 3.6 亿居民住在城市。与全世界不足 50% 的城市化水平相比，低海拔沿海地区的城市化高达 60% 以上。2007 年，英国国际环境与发展研究所的戈登·麦克格拉纳罕与美国哥伦比亚大学的布里奇特·安德森和纽约城市大学的黛博拉·巴尔克共同公布了他们对全世界沿海易受灾地区城市人口分布的估计，全世界有约 6.34 亿人生活在沿海的脆弱地区。全世界 1/10 的人口，1/8 的城市居民生活

112

在海拔不超过 10 米的沿海地区，全世界人口超过 500 万人的大城市将近 2/3 都处于低海拔沿海地区。低海拔沿海地区人口最多的 10 个国家依次是：中国（1.4 亿人）、印度（0.63 亿人）、孟加拉国（0.63 亿人）、越南（0.43 亿人）、印度尼西亚（0.42 亿人）、日本（0.30 亿人）、埃及（0.26 亿人）、美国（0.23 亿人）、泰国（0.16 亿人）和菲律宾（0.13 亿人）。需要指出的是海平面上升对这些低海拔沿海地区的影响并不意味着会被直接完全淹没，除了气候变化导致的海平面上升，这些区域还容易受到水灾、风暴潮和气旋的影响，同时气候变化也会加剧这类事件的发生。

海平面上升，特别是在出现极端气候事件时，会将大部分这类地区淹没。盐水会进入地表淡水和蓄水层，影响城市供水、改变向城市地区提供生态服务和自然资源的关键生态系统。

荷兰有 74% 的人口生活在海拔不到 10 米的地区。而这个国家早就经历了一场海水带来的惨剧。1953 年 2 月 1 日，风暴潮冲垮了拦海大堤，海水涌进了荷兰的陆地（荷兰有将近一半的土地位于海平面之下），侵入到海岸以内 60 多千米的地方，淹没了约 20 万公顷的农田，数千人在这次灾难中丧生。荷兰人由此痛定思痛，建立了世界上著名的最大规模拦海大堤。

半个世纪之后，类似的悲剧在美国南方的新奥尔良重演。2005 年 8 月底，飓风"卡特里娜"袭击了墨西哥湾地区，风暴潮把大量的水注入了新奥尔良城区北部的庞恰特雷恩湖，随后堤坝决口，整个新奥尔良市区被水淹没。科学家很早之前就知道新奥尔良面临着水灾的风险。这个有近 300 年历史的城市的前身是一片沼泽，随着城市化的不断发展，新奥尔良的陆地不断下沉，时至今日，它的平均高度已经低于海平面 2.4 米。在新奥尔良的南北两侧分别是密西西比河的河道和庞恰特雷恩湖，这让城区处于非常危险的境地。加之人类活动的影响，新奥尔良外围已经丧失了相当数量的湿地，而湿地本身可以减轻风暴潮的冲击。

鉴于全球气候变化对低海拔沿海地区造成的日益增加的真实威胁，当前城市发展模式令人担忧。从环境的角度来看，不受控制的沿海发展很可能会破坏敏感和重要的生态系统和其他资源。与此同时，沿海居住区的居民，特别是在低地的居住区，很可能遭受海洋灾害影响。随着气候变化的加剧和海平面上升，海洋灾害很可能变得更加严重。

我国沿海部分地区海拔小于 5 米，有的只有 1~3 米，一些地区甚至已经在海平面以下，目前只能靠海堤防护，因此更应高度重视。

在海平面上升相对较快的天津地区，高程一般在 2.5 米到 4.5 米之间，平均海平面在 1.5 米左右。令人担忧的是，从 1959 年到 1988 年，天津地区陆地沉降面积达 7 300 平方千米，使天津地区高程半数以上降到1~3 米，有些地面高程已在海平面以下。

整个长江三角洲和苏北滨海平原，北起灌河口，南至钱塘江口，有11 000 平方千米海拔不超过 2 米。上海市从 1921 年到 1965 年市区地面累计下沉 1.76 米。1965 年采取措施后，大面积地面下沉已得到控制。但目前上海市平均海拔仅为大约 1.8~3.5 米，最低处不到 1 米。

面积约为 6 900 平方千米的珠江三角洲，河道纵横，地势低平，绝大部分地区海拔高度不到 1 米，其中有 1/4 的土地在珠江基准面高程 0.4 米以下，大约有 13% 的土地（约 800 平方千米）在海平面以下。广东的广州、佛山、珠海、中山、东莞等大部分地区高程在珠江基准面 0.5~2.0米左右，许多地区目前靠堤围防护。

如图 5-1 所示，根据 90 米分辨率的数字地面高程数据（DEM）计算得到，中国的低海拔沿海地区的面积约为 12.6 万平方千米，约占国土总面积的 1.3%。中国的低海拔沿海地区主要分布在辽河三角洲沿岸、渤海湾和莱州湾及黄河三角洲沿岸、苏北及长江三角洲沿岸、珠江三角洲沿岸，其中，渤海湾沿岸、长江三角洲和珠江三角洲地区最为严重。这些地区也是我国沿海经济发达、城市集中、人口最密集的地区，对中国经济的持续发展有着重要的作用。粗略估计，中国社会总财富的 60% 以上分布在沿海地区。上海和江浙所在的长江三角洲，广东所在的珠江三角洲，以及天津所在的海河三角洲，更是中国经济发展的火车头。

我国是全球生活在低海拔地区人口最多的国家。随着沿海地区的经济发展，目前我国人口向沿海移动的趋势仍然十分明显，即便在很长一段时间里这些区域中的大部分不会直接受到海平面上升和风暴潮的影响，但在这个区域生活的人们仍需要根据当地的实际情况考虑他们面临的潜在风险。

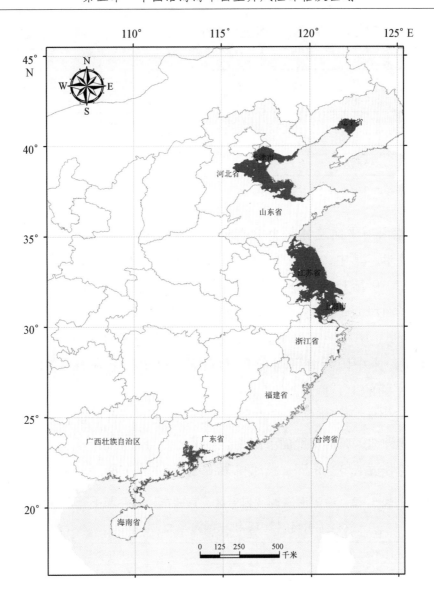

图 5 - 1　中国低海拔沿海地区

（二）我国沿海海平面上升的未来趋势估算

我国沿海地区相对海平面变化的预测包括两个部分：一是全球海平面上升，即绝对海平面上升；二是地壳垂直运动和地面沉降。根据海平面上升随机动态预测模型，可估算出我国沿海各海区的海平面上升幅度（表5 - 1）。

表 5 – 1　中国沿海各海区海平面上升预测（引自《2010 年中国海平面公报》）

海区	未来 30 年预测（毫米）
渤　海	74 ~ 122
黄　海	81 ~ 128
东　海	83 ~ 132
南　海	78 ~ 130
全海域	80 ~ 130

注：相对于 2010 年海平面（单位：毫米）。

中国沿海海平面总体呈上升趋势，预计未来 30 年，平均升高幅度为
80 ~ 130 毫米。其中，渤海海平面将比 2010 年升高 74 ~ 122 毫米，黄海海
平面将比 2010 年升高 81 ~ 128 毫米，东海海平面将比 2010 年升高 83 ~
132 毫米，南海海平面将比 2010 年升高 78 ~ 130 毫米。

到 2050 年中国沿海海平面将继续上升，上升幅度为 6 ~ 26 厘米，预
计到 21 世纪末中国沿海平均海平面将比 21 世纪初上升 30 ~ 60 厘米，高
于全球海平面的上升速度。

表 5 –2 中列出了中国沿海省（自治区、直辖市）海平面上升预测值。一
些河口三角洲地区，由于地面下沉相当显著，相对海平面上升是非常明显的，
这在渤海湾和黄河口三角洲、长江和珠江三角洲的某些岸段表现得十分突出。

表 5 –2　中国沿海省（自治区、直辖市）海平面上升预测
（引自《2010 年中国海平面公报》）

省（自治区、直辖市）	未来 30 年预测
辽　宁	75 ~ 119
河　北	72 ~ 118
天　津	76 ~ 135
山　东	85 ~ 132
江　苏	77 ~ 128
上　海	91 ~ 143
浙　江	84 ~ 139
福　建	76 ~ 118
广　东	84 ~ 149
广　西	78 ~ 116
海　南	85 ~ 132

注：相对于 2010 年海平面（单位：毫米）。

渤海湾地区和长江三角洲地区未来相对海平面上升数值将是中国沿海海平面上升数值的 2 倍以上。未来 30 年，估计上海地区相对海平面将上升 91 ~ 143 毫米；天津地区海平面上升幅度为 76 ~ 135 毫米；一些沿海地区可能还要大些。

到 2050 年前后，珠江三角洲、长江三角洲和环渤海湾地区等几个重要沿海经济带附近的海平面上升幅度在 120 ~ 360 毫米。在此基础上极端天气气候事件（如热带低气压、热带气旋、台风、巨浪等事件）发生的频率可能增加，这将严重影响我国沿海地区的社会经济发展。

（三）我国海岸带地区的主要风险

海平面上升对我国的海岸带，尤其是滨海平原、河口三角洲、低洼地带和沿海湿地等脆弱地区有着极大的威胁。由于海平面上升造成的土地损失、湿地减少等环境影响和社会经济影响是十分严重的。海平面上升对沿海地区的影响程度主要取决于海岸类型和沿海地区的高程。在中国 18 000 千米的大陆岸线和 14 000 千米的岛屿岸线上，分布着三种类型的海岸，即山地丘陵海岸、平原海岸和生物海岸。海平面上升对平原海岸威胁最大，构成了我国沿海主要脆弱区。平原海岸以淤泥质海岸为主，在我国分布较广，主要分布于渤海湾、辽东湾、莱州湾、苏北沿岸、长江口、杭州湾以及闽江韩江和珠江等河口。

沿海一些地区由于本身就处在构造沉降带，因过量开采地下水造成地面迅速沉降，或者高大建筑物的压实作用，使一些地区陆地沉降速度是海平面上升速率的数倍，有的甚至达到数十倍，因此，海平面上升和陆地沉降相叠加所造成的后果更为严重。

海平面上升直接影响我国国土安全。我国南海诸岛（礁）高程较低，有相当一部分岛礁在大潮、高潮时容易被海水淹没。我国近海的无人岛（礁）和用于油气开采的人工岛等，在海平面上升时，都面临着一定的淹没风险。

风暴潮灾害造成的损失非常巨大，国际自然灾害防御和减灾协会主席 M. l. El – Sabh（1987）认为：风暴潮灾害在世界自然灾害中居首位，在人员死亡和破坏方面甚至超过地震。中国沿海的许多区域，尤其是大江大河的河口三角洲区域，对风暴潮（含近岸浪）非常敏感和脆弱。在国际上，一般认为海拔 5 米以下的海岸区域为气候变化、海平面上升和风暴潮灾害的危险区域。从 20 世纪 90 年代以来由于全球气候变暖造成海平面迅速上升，加之沿海经济社会高速发展等原因，风暴潮灾害有范围扩大、频率增高和损害加剧的趋势，尤其是进入 21 世纪后更加明显，已成为威胁我国滨海人民生命财产安全和制约沿海经济发展的重点灾害之一。

沿岸低洼地带还对海平面上升、咸潮等海洋灾害比较敏感。我国沿海的低洼地带分布广泛，由于地下水超采造成地面沉降，以及修筑沿岸防护设施等原因，这些地区的平均高程与沿海海平面相仿，甚至低于平均海平面。目前完全依靠海岸堤防、海挡、闸门等进行防御，一旦遭遇天文大潮或者堤防遭到损坏，后果将十分严重。我国的长江三角洲、珠江三角洲、黄河三角洲、天津、河北南部、山东北部、江苏沿岸等都将是海平面上升、咸潮等海洋灾害的主要脆弱区，城市供水和生态环境退化是其主要脆弱领域。

我国的海岸侵蚀灾害中，砂质海岸侵蚀脆弱的地区主要有辽宁、河北、山东、广东、广西和海南沿岸；淤泥质海岸侵蚀脆弱地区主要在河北、天津、山东、江苏和上海沿岸。

我国的海水入侵脆弱地区主要分布在渤海、黄海沿岸，土壤盐渍化脆弱的区域主要分布在辽宁、河北、天津和山东的滨海平原地区。

沿岸相对海平面上升对沿海地区造成的风险和危害，既包括环境和经济影响，也包括社会影响。因为海平面上升可能使一些沿海地区原来从事生产活动的人员，不得不部分或全部从事其他职业。这种社会经济的改变对沿海经济的持续发展带来一些不利影响。而受灾人口的数量，将随着海平面不断上升和淹没区的扩大，也会明显增加。从防患于未然的观点出发，及时提高防潮设施的设计和施工标准，使防护措施长久有效，减少受灾人口，保证社会经济可持续发展。

二、风险评估

由于地区间的自然环境与社会经济发展水平差异较大，对全球变化带来的影响表现出的敏感性和脆弱性不同，地方管理部门和决策者应对未来全球变化的防范措施和适应性管理也不完全一致，因此评估区域尺度，特别是地区尺度海平面上升的风险更具有实际意义。区域或地区海平面上升风险评估，需将全球变化作为背景，结合区域或地区社会经济发展模式，综合分析全球变化和区域、地区人类活动干扰共同作用下的自然系统变化，通过建立一系列区域或地区未来自然系统变化情景，评估不同发展模式下海平面变化带来的影响。同时，区域或地区海平面上升风险评估需要纳入区域或地区发展与管理的决策体系中，才能更有效地为区域或地区对资源理性开发与合理利用提供科学依据。本书根据沿海地区地理状况、社会、经济和抗灾能力以及未来海平面上升预估结果，评估海平面上升对我国 11 个沿海省（自治区、直辖市）和 53 个沿海城市社会经济发展产生的风险并作出区划。

（一）评估单元选取

为了更好地向国家和地方政府提供参考，按照沿海省和沿海城市两级进行评估。省级评估按照 11 个沿海省（直辖市、自治区）划分为 11 个评估单元。市级评估划分为 52 个评估单元，其中包括：辽宁的 6 个沿海城市、河北的 3 个沿海城市、山东的 7 个沿海城市、江苏的 3 个沿海城市、浙江的 7 个沿海城市、福建的 6 个沿海城市、广东的 14 个沿海城市、广西的 3 个沿海城市、天津和上海 2 个直辖市以及海南（由于海南省采用省管县的行政管理模式，为了和其他评估单元匹配，将其整体作为一个评估单元）（表 5 – 3）。

表 5 – 3　中国沿海地区风险评估单元划分

省级评估单元	地区代码	市级评估单元	地区代码
辽宁	210000	大连市	210200
		丹东市	210600
		锦州市	210700
		营口市	210800
		盘锦市	211100
		葫芦岛市	211400

省级评估单元	地区代码	市级评估单元	地区代码
河北	130000	唐山市	130200
		秦皇岛市	130300
		沧州市	130900
天津	120000	天津市	120000
山东	370000	青岛市	370200
		东营市	370500
		烟台市	370600
		潍坊市	370700
		威海市	371000
		日照市	371100
		滨州市	371600
江苏	320000	南通市	320600
		连云港市	320700
		盐城市	320900
上海	310000	上海市	310000
浙江	330000	杭州市	330100
		宁波市	330200
		温州市	330300
		嘉兴市	330400
		绍兴市	330600
		舟山市	330900
		台州市	331000
福建	350000	福州市	350100
		厦门市	350200
		莆田市	350300
		泉州市	350500
		漳州市	350600
		宁德市	350900

续表

省级评估单元	地区代码	市级评估单元	地区代码
广东	440000	广州市	440100
		深圳市	440300
		珠海市	440400
		汕头市	440500
		江门市	440700
		湛江市	440800
		茂名市	440900
		惠州市	441300
		汕尾市	441500
		阳江市	441700
		东莞市	441900
		中山市	442000
		潮州市	445100
		揭阳市	445200
广西	450000	北海市	450500
		防城港市	450600
		钦州市	450700
海南	460000	海南	460000

（二）概念框架和指标体系

根据第四章的海平面上升风险概念框架，综合考虑指标体系确定的目的性、系统性、科学性、可比性和可操作性原则，结合我国沿海地区各省各城市的实际情况和资料获取的难易程度，确定海平面上升风险指标体系（表 5-4），分为因子层、副因子层和指标层，并选取 11 个指标用来描述海平面上升风险。

表5-4 海平面上升风险评估指标体系

因子层	副因子层	指标层
危险性（H）	海平面变化	H1：上升速率（毫米/年）
		H2：年较差（厘米）
	地形	H3：地面高程状况（%）
		H4：岸线长度（千米）
	潮位水位	H5：最高高潮位（厘米）
暴露性（E）	人口暴露性	E1：居民总数（万人）
	经济暴露性	E2：GDP（亿元）
脆弱性（V）	人口脆弱性	V1：人口密度（人/平方千米）
	经济脆弱性	V2：单位平方千米GDP（万元/平方千米）
防灾减灾能力（R）	人力资源	R1：从业人口比例（%）
	减灾投入	R2：地方财政收入（亿元）

1. 危险性指标分析

海平面变化特征分别选取海平面上升速率和海平面上升的年较差来表征评估区相对海平面变化状况，海平面上升的速率越大、年较差越大，则危险性越大。选用评估平均地面高程和海岸线长度来表征地形因素的影响，高程越低、岸线越长，则评估区面临海平面上升的危险性越大。海平面上升加剧了风暴潮、海浪等海洋灾害的致灾程度，选用相对于当地平均海平面的历史最高高潮位表征潮位水位状况，最高高潮位越高，危险性越大。

2. 暴露性指标分析

选用评估区总人口数表征人口的暴露性，选用评估区地区生产总值（GDP）表征经济的暴露性，人口越多，GDP越高，则该地区暴露在海平面上升危险因子的人和财产越多，可能遭受潜在损失就越大，海平面上升风险越大。

3. 脆弱性指标分析

选用评估区人口密度表征人口脆弱性，选用单位平方千米GDP表征经济脆弱性，人口密度越大，单位GDP越高，则受灾财产价值密度越高，海平面上升危险因素可能造成的伤害或潜在损失程度就越大，海平面上升风险越大。

4. 防灾减灾能力指标分析

选用从业人口比例表征抗灾人力资源情况，从业人口比例越高，防灾减灾中能够调动的人员就越多，防灾减灾能力越高。选用地方财政一般预算收入表征减灾财力投入，地方税收越高，可以用于防灾减灾的资金越多，防灾减灾能力也越高，可能遭受潜在损失越小，海平面上升风险越小。

5. 各指标计算方法

上升速率（H1）：根据沿海地区海平面监测站观测数据计算得到的相对海平面上升速率（毫米/年）。

年较差（H2）：根据沿海地区海平面监测站观测数据计算得到的年最高月均海平面和最低月均海平面的高度差（厘米）。

地面高程状况（H3）：基于数字地面高程数据，计算评估区 2100 年海平面上升最大可能影响范围占评估区总面积的比例（%）。

岸线长度（H4）：评估区大陆海岸线总长度（千米）。

最高高潮位（H5）：相对于当地平均海平面的最高高潮位观测值（厘米）。

居民总数（E1）：评估区人口总数（万人）。

GDP（E2）：评估区地区生产总值（亿元）。

人口密度（V1）：评估区居民总数/评估区总面积（人/千米^2）。

单位平方千米 GDP（V2）：评估区地区生产总值/评估区总面积（万元/千米^2）。

从业人口比例（R1）：评估区从业人口/评估区人口总数，（%）。

地方财政收入（R2）：评估区地方财政一般预算收入（亿元）。

（三）指标数据及其定量化

由于各指标的单位和量级不同，为了合理和方便计算，采用数据处理模型将指标进行标准化。

数据处理应遵循可比较原则，对各评估单元间的评估指标进行标准化处理，形成的标准化量值反映海平面上升对评估因子在不同评估单元间的影响程度。评估指标的标准化量值用于评估模型的计算。

将各评估单元某指标 p 的数值排列成一数据序列 p_1，p_2，…，p_n，其中 n 为评估单元的个数。

处理公式如下：

$$A_i = \frac{N(p_i - \min(p_i))}{\max(p_i) - \min(p_i)} + 1$$

式中：

A_i ——第 i 个评估单元指标 p 的标准化量值；

i ——评估单元序号，$i = 1$，2，…，n；

N ——量化参数；

P_i ——第 i 个评估单元的指标数值。

一般将量化参数 N 取为 4，即 A_i 的取值范围应介于 1~5 之间。

对收集到的海平面影响相关数据进行整理计算，获得各评估指标值，其中海平面及潮位数据通过验潮站数据计算得到，地形数据为调查资料，各沿海城市社会经济数据引自沿海各省 2011 年统计年鉴，各沿海省社会经济数据采用所辖沿海城市的数据累加结果。由于受篇幅所限，各评估指标的具体数据值不在文中一一列出。

根据数据处理模型对各指标数据进行标准化处理，得到各指标的量化值用于风险评估计算。以沿海城市为评估单元的各评估指标数据量化值见表 5-5，以沿海省为评估单元的各评估指标数据量化值见表 5-6。

表 5-5　沿海城市各评估指标数据量化值

地区	上升速率	年较差	地面高程	岸线长度	历史高潮位	居民数	GDP	人口密度	单位GDP	从业人口比例	地方财政收入
大连市	4.31	3.97	1.21	3.23	2.53	1.90	2.15	1.37	1.30	1.37	1.57
丹东市	3.48	4.66	1.05	1.18	4.74	1.28	1.10	1.03	1.00	1.18	1.06
锦州市	1.41	4.77	1.07	1.18	2.88	1.40	1.14	1.21	1.04	1.21	1.05
营口市	3.90	4.43	1.88	1.17	3.44	1.27	1.16	1.38	1.13	1.25	1.06
盘锦市	3.90	4.77	4.43	1.15	2.88	1.08	1.14	1.21	1.15	1.60	1.05
葫芦岛市	1.41	4.77	1.06	1.40	2.88	1.35	1.05	1.15	1.00	1.17	1.05
唐山市	3.48	5.00	2.11	1.34	2.49	2.21	1.99	1.49	1.23	1.26	1.27
秦皇岛市	1.41	4.31	1.14	1.24	1.56	1.38	1.14	1.30	1.06	1.25	1.10
沧州市	3.62	4.77	1.56	1.13	3.47	2.13	1.45	1.42	1.09	1.25	1.12

地区	上升速率	年较差	地面高程	岸线长度	历史高潮位	居民数	GDP	人口密度	单位GDP	从业人口比例	地方财政收入
青岛市	2.38	3.29	1.11	2.27	2.75	2.42	2.27	1.73	1.38	1.33	1.63
东营市	3.76	3.29	2.49	1.65	1.00	1.21	1.48	1.14	1.21	1.29	1.14
烟台市	2.38	3.40	1.11	2.23	2.68	2.10	1.96	1.42	1.22	1.33	1.33
潍坊市	2.38	3.74	1.39	1.22	2.25	2.49	1.66	1.49	1.12	1.28	1.28
威海市	2.52	3.17	1.13	2.58	1.07	1.35	1.39	1.40	1.24	1.26	1.16
日照市	2.24	3.06	1.02	1.25	3.26	1.35	1.17	1.44	1.12	1.38	1.07
滨州市	3.76	3.63	1.80	1.12	1.07	1.52	1.29	1.32	1.10	1.38	1.14
南通市	4.86	2.60	4.78	1.31	5.00	2.22	1.75	1.93	1.32	1.34	1.40
连云港市	3.62	3.40	3.24	1.30	4.02	1.74	1.21	1.60	1.09	1.34	1.19
盐城市	3.90	2.83	4.47	1.53	4.65	2.32	1.48	1.39	1.07	1.10	1.26
杭州市	3.07	2.94	1.06	1.00	4.51	2.09	2.34	1.32	1.26	1.73	1.93
宁波市	1.28	2.83	1.65	2.32	3.13	1.88	2.15	1.51	1.39	1.63	1.73
温州市	2.24	1.80	1.16	1.80	4.08	2.26	1.62	1.61	1.16	1.47	1.31
嘉兴市	4.86	2.94	4.77	1.15	4.51	1.46	1.47	1.84	1.44	1.75	1.24
绍兴市	3.07	2.94	1.00	1.03	4.51	1.64	1.59	1.45	1.24	1.56	1.26
舟山市	3.48	2.83	1.61	5.00	2.69	1.02	1.08	1.61	1.33	1.44	1.08
台州市	2.93	1.91	1.28	2.19	3.75	1.90	1.50	1.55	1.17	1.37	1.22
福州市	1.00	1.69	1.07	2.49	4.13	2.01	1.67	1.45	1.17	1.29	1.34
厦门市	2.66	1.80	1.21	1.29	4.74	1.17	1.41	2.16	2.04	1.74	1.40
莆田市	3.21	1.57	1.15	1.53	3.98	1.43	1.13	1.74	1.13	1.22	1.06
泉州市	2.93	2.14	1.03	1.86	4.82	2.08	1.77	1.55	1.23	1.49	1.25
漳州市	3.48	2.14	1.10	2.15	2.56	1.70	1.26	1.26	1.05	1.26	1.12
宁德市	2.24	1.80	1.00	2.70	4.08	1.46	1.10	1.13	1.01	1.17	1.05
广州市	3.48	2.14	1.89	1.23	2.64	2.30	3.48	2.08	2.15	1.69	1.98
深圳市	3.21	1.91	1.24	1.38	2.27	1.31	3.20	2.36	5.00	4.32	2.51
珠海市	1.97	1.34	2.91	1.34	3.03	1.03	1.21	1.55	1.55	1.82	2.11
汕头市	3.48	1.91	1.64	1.33	1.15	1.79	1.21	3.75	1.44	1.14	1.19
江门市	3.76	1.57	1.63	1.66	3.56	1.55	1.30	1.31	1.10	1.38	1.32
湛江市	3.76	1.69	1.19	3.02	3.75	2.25	1.26	1.55	1.05	1.08	1.13
茂名市	3.76	1.69	1.00	1.27	2.57	2.19	1.28	1.59	1.07	1.03	1.12
惠州市	3.48	1.23	1.03	1.44	1.89	1.45	1.33	1.19	1.09	1.55	1.40
汕尾市	3.62	1.34	1.10	1.72	1.77	1.47	1.03	1.59	1.03	1.00	1.12
阳江市	3.76	1.69	1.08	1.51	2.57	1.36	1.08	1.26	1.03	1.15	1.15
东莞市	3.21	1.23	2.48	1.13	2.52	1.17	1.93	1.69	2.38	5.00	1.48

续表

地区	上升速率	年较差	地面高程	岸线长度	历史高潮位	居民数	GDP	人口密度	单位GDP	从业人口比例	地方财政收入
中山市	3.48	2.03	4.22	1.07	2.48	1.11	1.36	1.79	1.81	2.35	1.63
潮州市	3.48	1.91	1.12	1.10	1.92	1.32	1.06	1.80	1.11	1.24	1.12
揭阳市	3.62	1.34	1.01	1.20	1.77	2.04	1.16	2.29	1.12	1.08	1.09
北海市	2.66	1.00	1.34	1.84	3.75	1.14	1.02	1.40	1.06	1.16	1.03
防城港市	2.52	1.00	1.04	1.86	3.58	1.00	1.00	1.00	1.00	1.31	1.02
钦州市	2.52	1.23	1.02	1.90	3.58	1.53	1.05	1.24	1.00	1.31	1.00

表5-6　沿海省各评估指标数据量化值

地区	上升速率	年较差	地面高程	岸线长度	历史高潮位	居民数	GDP	人口密度	单位GDP	从业人口比例	地方财政收入
辽宁省	1.83	4.76	1.35	2.74	4.41	1.89	1.08	1.88	1.16	2.97	1.51
河北省	1.45	5.00	1.63	1.29	1.47	1.88	1.31	1.70	1.24	2.64	1.28
天津市	2.96	4.52	3.93	1.00	1.84	1.52	2.02	1.88	2.10	1.00	1.90
山东省	1.35	3.67	1.36	3.83	1.00	3.30	1.33	3.06	1.35	2.83	2.08
江苏省	3.57	3.30	4.25	1.52	5.00	2.11	1.47	1.63	1.24	2.34	1.51
上海市	5.00	2.70	5.00	1.05	2.16	2.29	5.00	2.75	5.00	1.01	3.48
浙江省	1.70	2.82	1.39	5.00	3.88	3.22	1.39	3.30	1.46	5.00	2.74
福建省	1.04	1.97	1.00	4.19	4.59	2.55	1.28	2.15	1.23	3.46	1.75
广东省	2.43	1.97	1.32	4.51	2.12	5.00	1.54	5.00	1.59	4.69	5.00
广西壮族自治区	1.00	1.00	1.01	2.31	2.12	1.00	1.07	1.00	1.00	2.85	1.00
海南省	3.42	1.85	1.03	2.48	1.00	1.19	1.00	1.09	1.00	2.33	1.20

（四）指标权重计算

由于各项指标的特征和影响程度不同，利用 AHP 方法（层次分析法）计算各评估指标的权重系数。指标权重的计算按照因子层和指标层分两级进行。

对因子层中危险性（H）、暴露性（E）、脆弱性（V）和防灾减灾能力（R）4 个因子的权重计算，设置判断矩阵（表5-7）。

126

表 5 – 7　因子层权重计算的判断矩阵

	H	E	V	R
H	1	5	4	5
E	1/5	1	1/2	1/2
V	1/4	2	1	1
R	1/5	2	1	1

利用和积法计算判断矩阵最大特征根 λ_{max} 及其对应特征向量 W 得到：$\lambda_{max} = 4.0473$，$W =$（0.58，0.11，0.16，0.15）。对判断矩阵的一致性检验，计算得到一致性指标 $CI = 0.0158$，一致性比例 $CR = 0.0175 < 0.1$，符合一致性检验，判断矩阵的一致性是可以接受的，因此特征向量 W 可以作为各因子的权重系数使用（表 5 – 8）。

表 5 – 8　因子层各因子的权重系数

	H	E	V	R
权重	0.58	0.11	0.16	0.15

同理，对于指标层中危险性的上升速率（H1）、海平面变化的年较差（H2）、地面高程（H3）、岸线长度（H4）和历史最高高潮位（H5）5 个指标权重，设置其判断矩阵（表 5 – 9）。计算判断矩阵最大特征根 λ_{max} 及其对应特征向量 W 得到：$\lambda_{max} = 5.3157$，$W =$（0.31，0.09，0.27，0.21，0.12）。对判断矩阵的一致性检验，计算得到一致性指标 $CI = 0.0788$，一致性比例 $CR = 0.0703 < 0.1$，符合一致性检验，因此特征向量 W 可以作为各危险性指标的权重系数（表 5 – 10）。

表 5 – 9　危险性指标权重计算的判断矩阵

	H1	H2	H3	H4	H5
H1	1	2	2	2	2
H2	1/2	1	1/3	1/3	1/2
H3	1/2	3	1	2	3
H4	1/2	3	1/2	1	3
H5	1/2	2	1/3	1/3	1

表 5 - 10　危险性各指标的权重系数

	H1	H2	H3	H4	H5
权重	0.31	0.09	0.27	0.21	0.12

对于暴露性指标的权重系数，由于两个指标即居民总数（E1）和 GDP（E2）同等重要，因此将它们的权重系数都设置为 0.5。

对于脆弱性指标的权重系数，由于两个指标即人口密度（V1）和单位平方千米 GDP（V2）同等重要，因此将它们的权重系数都设置为 0.5。

对于防灾减灾能力指标的权重系数，考虑到中国的实际情况，财力状况起到的作用要比人力状况相对大一些，所以设定从业人口比例（R1）和地方财政收入（R2）的权重系数分别为 0.4 和 0.6。

综合以上结果，获得河北沿海地区海平面上升风险评估指标体系的各层次因子（指标）的权重系数，如图 5 - 2 所示。

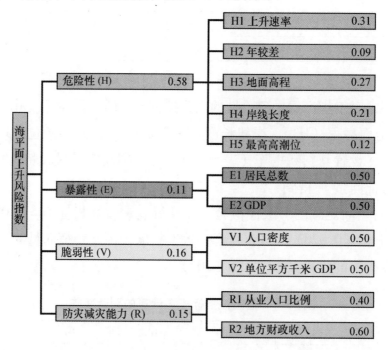

图 5 - 2　评估指标权重系数

（五）以沿海城市为评估单元的风险评估

根据风险评估模型和计算方法，将各沿海城市指标数据量化值代入各模型中，计算中国沿海地区各市级评估单元海平面上升的危险性指数（H）、暴露性指数（E）、脆弱性指数（V）、防灾减灾能力指数（R）和风险指数（SLRI），评估海平面上升风险，各指数计算结果见表5－11。

表5－11　沿海城市风险评估指数计算结果

地区	H	E	V	R	SLRI
大连市	3.00	2.02	1.34	1.49	1.04
丹东市	2.60	1.19	1.02	1.11	0.88
锦州市	1.75	1.27	1.12	1.11	0.72
营口市	2.77	1.21	1.25	1.14	0.95
盘锦市	3.42	1.11	1.18	1.27	1.04
葫芦岛市	1.79	1.20	1.08	1.10	0.72
唐山市	2.68	2.10	1.36	1.27	0.99
秦皇岛市	1.58	1.26	1.18	1.16	0.68
沧州市	2.63	1.79	1.25	1.17	0.96
青岛市	2.14	2.34	1.56	1.51	0.89
东营市	2.60	1.34	1.17	1.20	0.91
烟台市	2.13	2.03	1.32	1.33	0.86
潍坊市	1.98	2.08	1.31	1.28	0.83
威海市	2.04	1.37	1.32	1.20	0.81
日照市	1.90	1.26	1.28	1.19	0.76
滨州市	2.34	1.40	1.21	1.24	0.86
南通市	3.91	1.98	1.62	1.38	1.25
连云港市	3.06	1.48	1.35	1.25	1.03
盐城市	3.55	1.90	1.23	1.20	1.14
杭州市	2.25	2.22	1.29	1.85	0.87
宁波市	1.96	2.01	1.45	1.69	0.81
温州市	2.04	1.94	1.38	1.37	0.84
嘉兴市	3.84	1.46	1.64	1.44	1.20
绍兴市	2.24	1.62	1.34	1.38	0.86
舟山市	3.14	1.05	1.47	1.22	1.02

地区	H	E	V	R	SLRI
台州市	2.34	1.70	1.36	1.28	0.89
福州市	1.77	1.84	1.31	1.32	0.76
厦门市	2.15	1.29	2.10	1.54	0.87
莆田市	2.25	1.28	1.44	1.12	0.86
泉州市	2.35	1.92	1.39	1.35	0.91
漳州市	2.33	1.48	1.16	1.18	0.86
宁德市	2.18	1.28	1.07	1.10	0.81
广州市	2.36	2.89	2.12	1.86	0.99
深圳市	2.06	2.26	3.68	3.23	0.93
珠海市	2.16	1.12	1.55	1.99	0.81
汕头市	2.11	1.50	2.60	1.17	0.93
江门市	2.52	1.42	1.20	1.34	0.89
湛江市	2.72	1.76	1.30	1.11	0.98
茂名市	2.16	1.74	1.33	1.08	0.86
惠州市	2.00	1.39	1.14	1.46	0.77
汕尾市	2.11	1.25	1.31	1.07	0.82
阳江市	2.23	1.22	1.14	1.15	0.82
东莞市	2.32	1.55	2.04	2.89	0.88
中山市	2.92	1.24	1.80	1.92	1.00
潮州市	2.01	1.19	1.46	1.17	0.80
揭阳市	1.98	1.60	1.70	1.09	0.85
北海市	2.11	1.08	1.23	1.08	0.80
防城港市	1.97	1.00	1.00	1.14	0.73
钦州市	2.00	1.29	1.12	1.12	0.78

1. 危险性分析

中国沿海城市危险性指数如图5-3所示，从各评估单元的自然环境来分析，上海、天津、南通、盐城、嘉兴、连云港、盘锦等城市的海平面上升速率较高且地势低洼，极易受到海平面上升的直接影响，危险性最大；大连、舟山、海南、湛江等地海平面上升速率高、岸线长度长，易受到海平面上升的影响，其危险性较大；广西和福建沿海、浙江和广东沿海大部分地区、山东和辽宁沿海的部分地区多丘陵，地势较高，受到海平面上升的影响较小，其危险性较低。

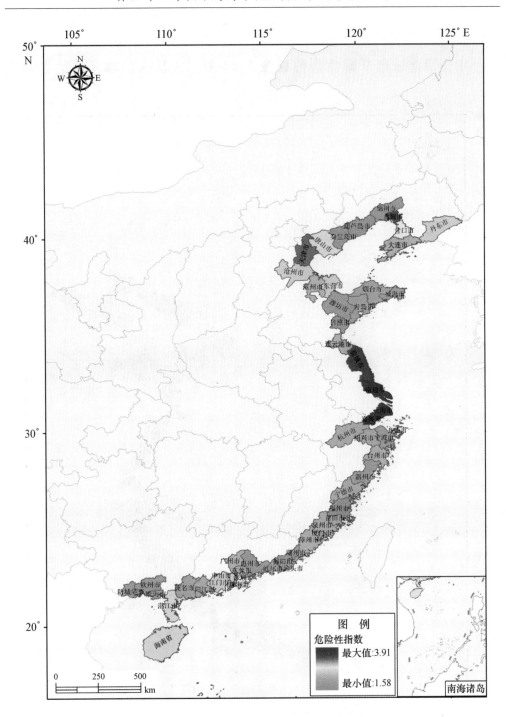

图 5-3　沿海城市危险性指数

2. 暴露性分析

中国沿海城市暴露性指数如图 5 - 4 所示，从人口和经济的暴露性

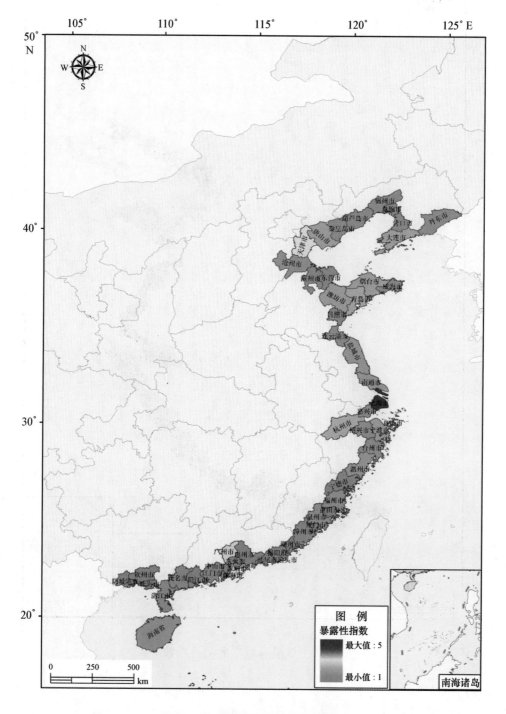

图 5 - 4   沿海城市暴露性指数

来看，上海、天津、广州、青岛、深圳、杭州等城市的居民总数或地区生产总值较大，它们暴露在海平面上升风险下的程度也较高；葫芦岛市、丹东市、潮州市、珠海市、盘锦市、北海市、舟山市、防城港市等城市的居民总数或地区生产总值较小，它们暴露在海平面上升风险下的程度也较低。

3. 脆弱性分析

中国沿海城市脆弱性指数如图 5-5 所示，从人口和经济的脆弱性来看，上海、深圳、广州、天津、厦门、南通、嘉兴等城市不但居民总数或地区生产总值较高而且辖区面积相对不大，人口密度、单位面积上的经济发展程度高，海平面上升后受到的影响明显，是较为脆弱的地区。

4. 防灾减灾能力分析

中国沿海城市防灾减灾能力指数如图 5-6 所示，上海、深圳、广州、天津、杭州、宁波、厦门、大连、青岛、珠海等城市的从业人口比例高或财政收入高，抗御海洋灾害的能力强，其应对海平面上升的防灾减灾能力较强。

5. 风险评估

综合各沿海城市的海平面上升危险性、人口和经济的暴露性和脆弱性、防灾减灾能力评估结论，计算出沿海城市评估单元的海平面上升风险指数，如图 5-7 所示。上海和天津的危险性、暴露性、脆弱性和防灾减灾能力指数都比较高，其风险程度也是最大的。南通、嘉兴的危险性大，人口和经济的暴露性和脆弱性较大，但防灾减灾能力较弱，其风险程度很大。盐城、连云港等城市虽然人口和经济的暴露性或脆弱性较低，但危险性非常高，其海平面上升的风险也比较高。广州、深圳、杭州、宁波等城市的防灾减灾能力强，使得它们的海平面上升风险程度降低。

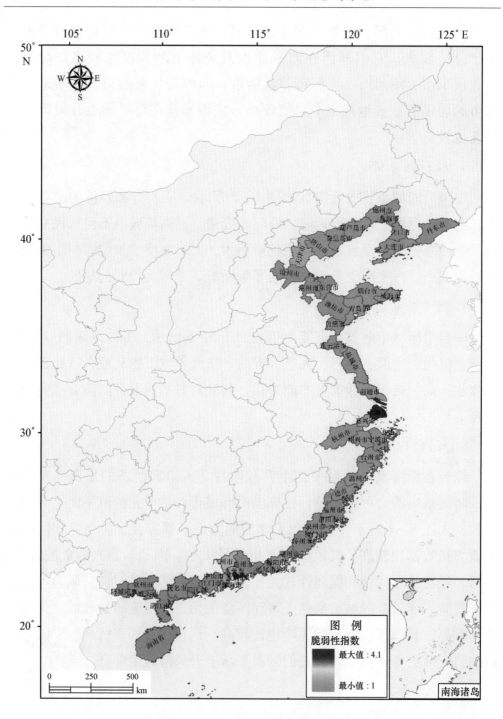

图 5-5 沿海城市脆弱性指数

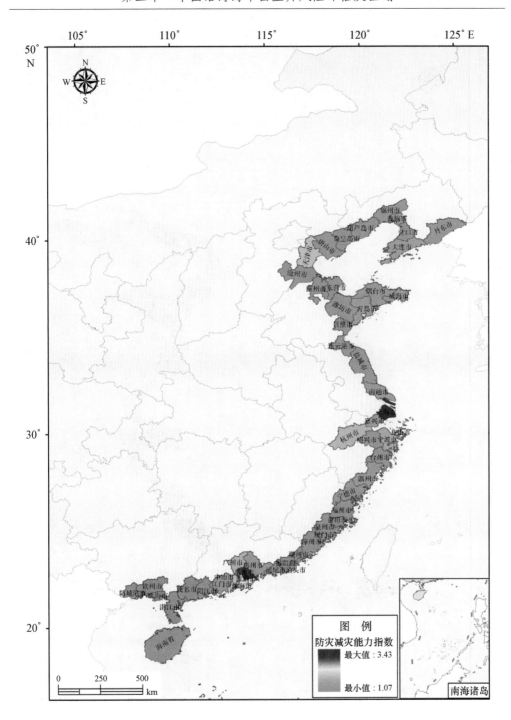

图 5-6 沿海城市防灾减灾能力指数

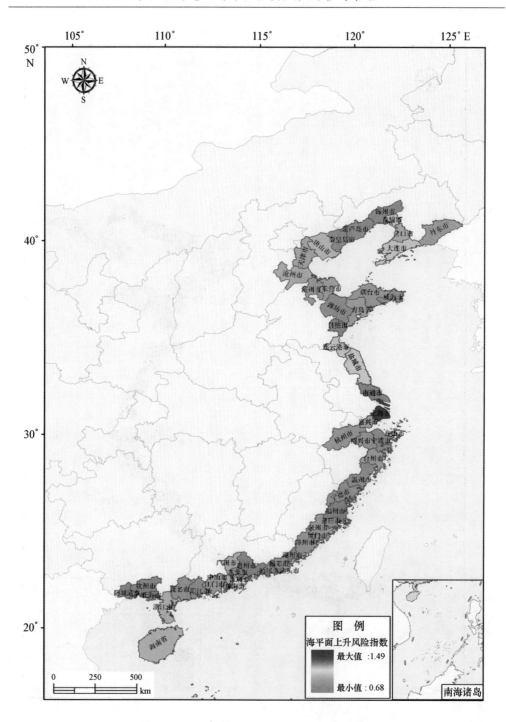

图 5-7 沿海城市海平面上升风险指数

（六）以沿海省为评估单元的风险评估

根据风险评估模型和计算方法，将各沿海城市指标数据量化值代入各模型中，计算获得中国沿海地区各省级评估单元的危险性指数（H）、暴露性指数（E）、脆弱性指数（V）、防灾减灾能力指数（R）和海平面上升风险指数（SLRI），计算结果见表5-12。

表5-12　沿海省风险评估指数计算结果

地区	H	E	V	R	SLRI
辽宁省	2.46	1.88	1.12	2.09	0.87
河北省	1.79	1.79	1.27	1.82	0.81
天津市	2.82	1.70	2.06	1.54	1.05
山东省	2.04	3.18	1.34	2.38	0.84
江苏省	3.47	1.87	1.36	1.84	1.10
上海市	3.62	2.52	5.00	2.49	1.41
浙江省	2.67	3.26	1.42	3.64	0.96
福建省	2.20	2.35	1.25	2.43	0.84
广东省	2.49	5.00	1.56	4.88	0.96
广西壮族自治区	1.41	1.00	1.04	1.74	0.59
海南省	2.15	1.14	1.00	1.65	0.82

1. 危险性分析

危险性主要考察评估区的自然属性，从图5-8可以看出，上海、江苏、天津、辽宁和浙江由于海平面上升速率较大、海岸线长，其中上海、江苏、天津低海拔地区的范围占辖区面积的比例非常高，导致其危险性指数较高；广西沿海由于海平面上升速率相对较低、受影响的范围小、岸线长度较短等，其海平面上升的危险性最低。

2. 暴露性分析

人口和经济的暴露性主要评估各评估单元沿海地区的人口数和GDP，从图5-9可以看出，广东沿海人口多，经济水平高，暴露在海平面上升危险下的程度较高，山东、浙江、上海等次之；辽宁、河北、广西和海南沿海人口相对较少、经济发展程度还相对较低，暴露在海平面上升危险下的程度较低。

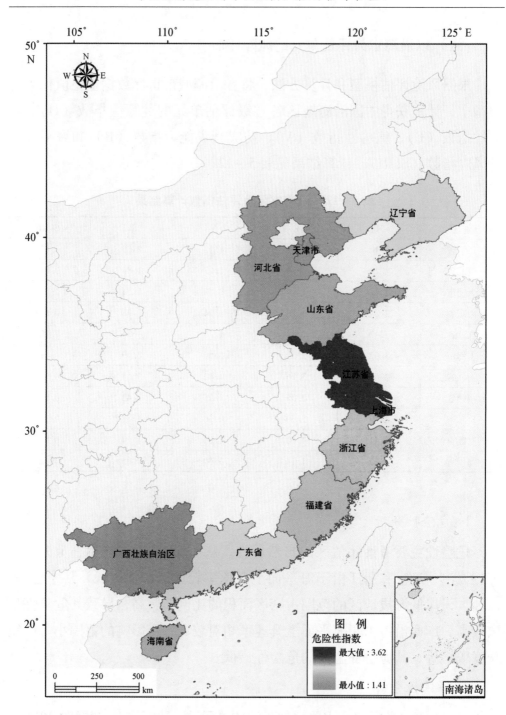

图 5-8 沿海省危险性指数

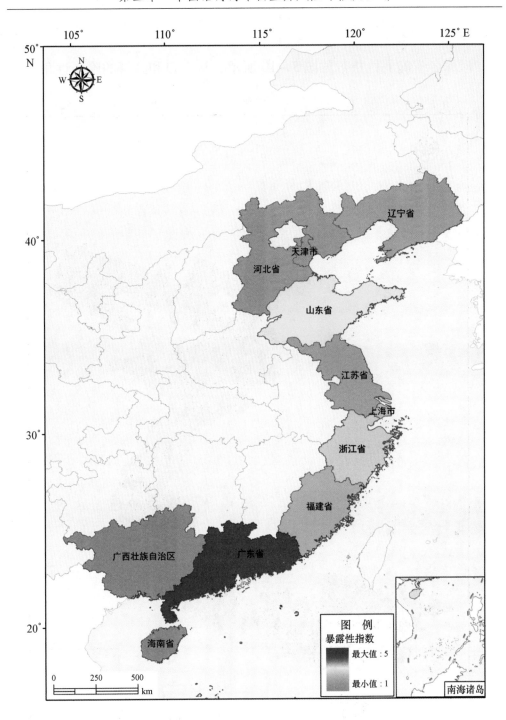

图 5 - 9　沿海省暴露性指数

3. 脆弱性分析

沿海各省脆弱性指数如图 5 - 10 所示，从人口和经济的脆弱性角度来

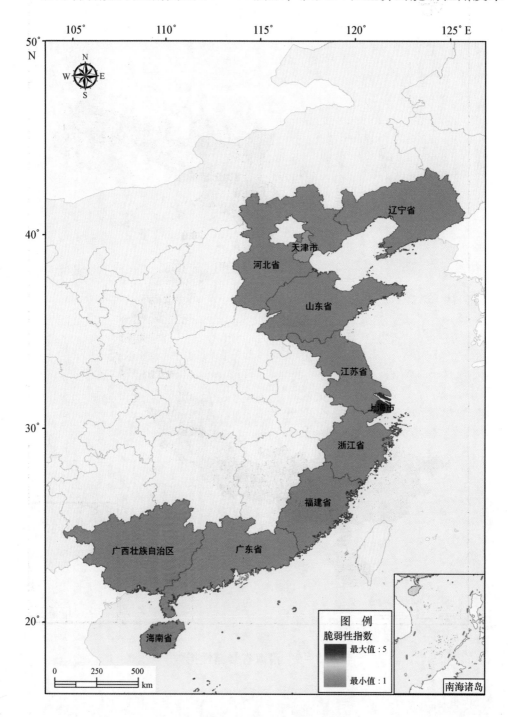

图 5 - 10　沿海省脆弱性指数

分析，上海、天津等地人口密度大，单位面积上的地区生产总值高，其人口和经济的脆弱性相对较高；其他省区由于沿海地区面积较大，导致整体的人口密度和单位 GDP 相对较低，脆弱性也较低。

4. 防灾减灾能力分析

对沿海省防灾减灾能力的评估主要考察其财政收入状况和从业人员占总人口的比例，从沿海各省防灾减灾能力指数（图 5 - 11）可以看出，广东、浙江、上海等地的防灾减灾能力较强，广西、海南等地的防灾减灾能力较弱。

5. 风险评估

综合各沿海省的海平面上升危险性、人口和经济的暴露性和脆弱性、防灾减灾能力评估结论，计算出沿海省海平面上升风险指数，各省风险指数如图 5 - 12 所示。上海、江苏、天津的风险指数较大，浙江、广东、辽宁、山东、福建的风险指数次之，河北、海南、广西的海平面上升风险程度相对较低。

三、风险区划

根据计算的海平面上升风险值的大小和中国沿海地区海平面上升及影响的现状，设置海平面上升风险等级划分标准（表 5 - 13），将各沿海城市评估单元和沿海省评估单元划分为微度风险、轻度风险、中度风险和重度风险 4 个风险等级。

表 5 - 13　中国沿海海平面上升风险等级划分表

风险值	>1.0	0.9 ~ 1.0	0.8 ~ 0.9	<0.8
风险等级	重度风险	中度风险	轻度风险	微度风险

从风险管理的角度，对于不同的风险等级需要采取不同的处置和应对方式。对于重度风险的地区需要立即采取行动，需要行政关注，建议进一步进行调查分析和海岸带脆弱性评估；对于中度风险的地区需要高层管理者关注，可能要求进一步调查分析和海岸带脆弱性评估；对于轻度风险的地区可能需要采取某些行动，必须明确风险管理职责；对于微度风险的地区可以不需要采取行动，按常规管理程序处理。

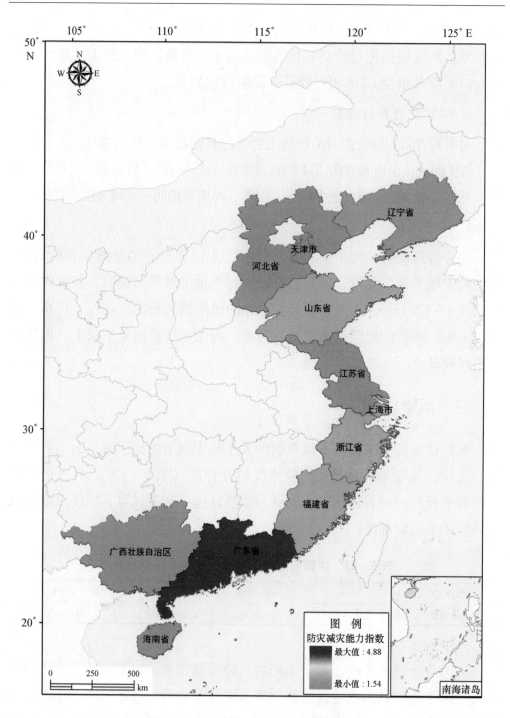

图 5 – 11 沿海省防灾减灾能力指数

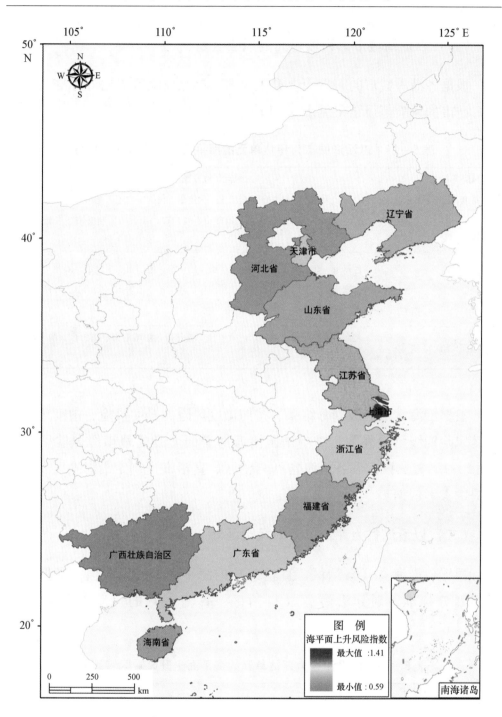

图 5 – 12　沿海省海平面上升风险指数

（一）以沿海城市为评估单元的风险区划

根据各沿海城市的海平面上升风险值，参照风险等级划分标准，划分沿海城市的风险等级结果见表 5 – 14。

表 5 – 14　以沿海城市为评估单元的海平面上升风险区域划分

风险等级	风险区域范围
重度风险	上海市、南通市、天津市、嘉兴市、盐城市、大连市、盘锦市、连云港市、舟山市
中度风险	中山市、唐山市、广州市、湛江市、沧州市、营口市、深圳市、汕头市、东营市、泉州市
轻度风险	青岛市、台州市、江门市、丹东市、东莞市、杭州市、厦门市、烟台市、滨州市、绍兴市、莆田市、漳州市、茂名市、揭阳市、温州市、潍坊市、汕尾市、阳江市、威海市、宁波市、宁德市、珠海市
微度风险	潮州市、北海市、钦州市、惠州市、日照市、福州市、防城港市、锦州市、葫芦岛市、秦皇岛市

根据沿海城市等级划分结果，按照微度风险、轻度风险、中度风险和重度风险四级风险程度，绘制中国沿海海平面上升的地市级风险区划图（图 5 – 13），为国家和各沿海省（自治区、直辖市）制定沿海地区发展规划提供参考依据。

（二）以沿海省为评估单元的风险区划

根据各沿海省（自治区、直辖市）的海平面上升风险值，参照风险等级划分标准，划分沿海省（自治区、直辖市）的风险等级结果见表5 – 15。

表 5 – 15　以沿海省为评估单元的海平面上升风险区域划分

风险等级	风险区域范围
重度风险	上海市、江苏省、天津市
中度风险	浙江省、广东省
轻度风险	辽宁省、山东省、福建省、海南省、河北省
微度风险	广西壮族自治区

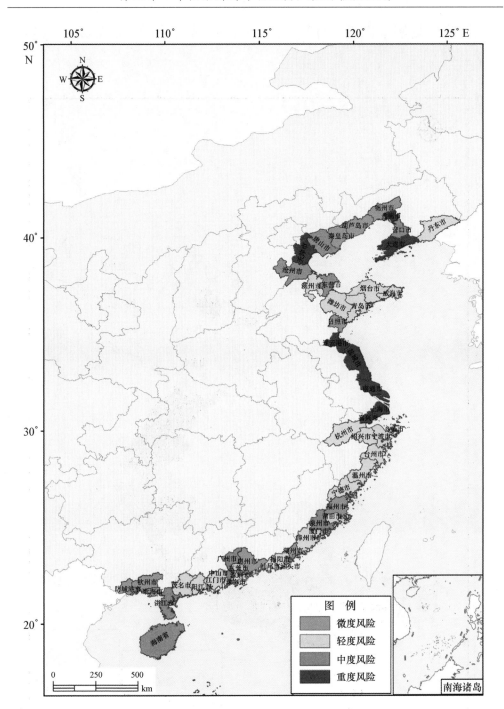

图 5 - 13　中国海平面上升风险区划图（以沿海城市为评估单元）

　　根据沿海省（自治区、直辖市）等级划分结果，按照微度风险、轻度风险、中度风险和重度风险四级风险程度，绘制中国沿海海平面上升的省级风险区划图（图5－14），为国家制定沿海地区发展规划提供参考依据。

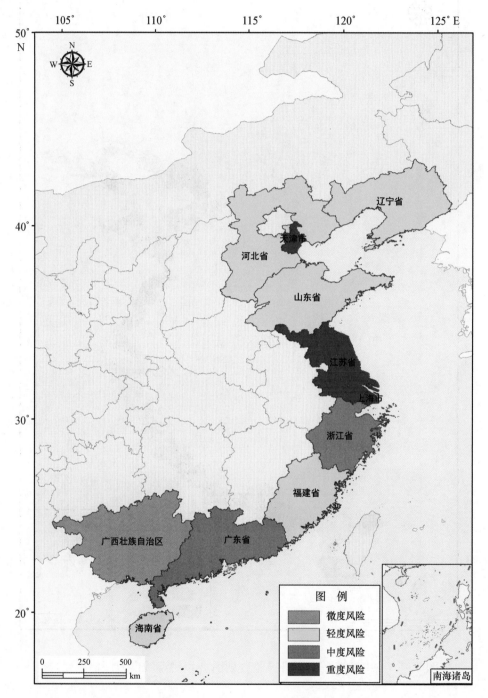

图5－14　中国海平面上升风险区划图（以沿海省为评估单元）

第六章 渤海湾沿海地区海平面上升风险评估及区划

渤海湾沿海地区地势低平，极易受到海平面上升的直接影响，本章以渤海湾沿海地区为例，对海平面上升风险评估方法进行示范应用，评估该地区海平面上升的风险，并将沿海县（县级市、市辖区）作为评估单元进行风险区划。

一、渤海湾沿海地区基本状况分析

渤海湾沿海地区主要由 1 个直辖市（即天津市）和 3 个沿海城市（即河北省的秦皇岛市、唐山市和沧州市）组成，包含 11 个沿海县（县级市、市辖区）和 1 个副省级市辖区（天津滨海新区）。

（一）天津滨海新区

天津市位于 38°34′—40°15′N，116°43′—118°04′E 之间，地处我国华北平原的东北部。天津滨海新区位于天津市东部，海河流域下游，是海河五大支流南运河、子牙河、大清河、永定河和北运河的汇合口和入海口。天津海岸带位于渤海湾西岸，南起岐口，向北经塘沽、北塘、蛙头沽、大神堂至涧河口，海岸线长 153 千米，潮间带面积 335.99 平方千米。天津滨海新区沿海的海岸线里程短、潮间带面积小，岸线、潮间带开发密度大，海域使用变化频率较快。

由天津港、开发区、保税区以及塘沽、汉沽、大港共同组成的滨海新区已经成为天津市最具发展活力的地区，陆域面积 2 270 平方千米，城区与天津市中心城区仅相距 40 千米，距北京 170 千米，距唐山 110 千米，位于京津冀 T 字形城市带的交汇点，环渤海经济圈的中心地区，与保定、沧州、廊坊、任丘等城市近邻，东临渤海，隔海与日本、朝鲜半岛相望。滨海新区不仅是天津市及北京的海上门户和中国华北、西北、内蒙古等广大地区的主要出海口，同时还是东北亚地区欧亚大陆桥铁路运输距离最短的桥头堡，是我国北方以及环渤海地区经济、技术发达地区之一。

1. 基础地理状况

1）地形地貌

海岸带陆地地势低平，地面标高一般为 0 ~ 2.0 米，最低为 - 1 米（在汉沽区北）。海岸坡度总体自西而东由陆向海微微倾斜，属冲积海积低平原和海积低平原，由海侵层和河流冲积层交互形成。海积低平原沿海岸呈带状分布，主要由滨海盐滩、潟湖洼地、沼泽和潮滩构成，地表以淤泥质黏性土为主，土壤盐渍化严重。盐田和滩涂约占陆地面积的1/3。汉沽、塘沽和大港沿岸一带的土壤类型主要为滨海盐土，多辟为盐田，其北部和西部边缘则分布盐化湿潮土，其中在汉沽区北部杨家泊至高庄一带发育少量草甸沼泽土；大港区西部为盐化潮土。

本区海域底质沉积物类型有 10 种，其中以 0.004 ~ 0.063 毫米粒级中的粉砂、黏土质粉砂为主。本区海域内底质各沉积类型在纵向和横向的平面分布上存在一定的规律性。沉积物的纵向分布规律：海河口以南至歧口的中低潮滩物质，呈由粗到细的分布规律；南堡以西潮滩的粉砂、砂质粉砂带及潮沟的砂质粉砂沿西偏北逐渐细化。沉积物的横向分布规律：由于海洋动力的差异，沉积物的横向分布存在着南北的差异。新港至 - 20 米深槽以北海区，自岸向海呈细 - 粗 - 细的分布规律。而其以南海域沉积物向海呈粗—细—粗的分布规律。

2）海岸类型及长度

根据天津市人民政府批准的海岸线修测成果，滨海新区海岸线长度为153.669 千米，其中，大陆岸线长度为 153.2 千米，岛屿岸线长度为0.469 千米。海岸类型为堆积型平原海岸，即典型的粉砂、淤泥质海岸。其特点是：海岸平直，地貌类型比较单一，潮滩宽广平坦，岸滩动态变化十分活跃。

（1）缓慢淤积型海岸

分布在南堡—大神堂、蓟运河口—新港北、海河闸下及两侧滩面、独流减河—后唐铺等岸段。

岸滩特征：滩面宽广（3 500 ~ 7 000 米）、平缓（坡降 0.41‰ ~

1.41‰）；分带现象不明显，龟裂发育；沉积物主要为黏土质粉砂、粉砂；滩面普遍淤积，岸滩大部分向海延伸。滩面淤积速度 2 ~ 11.5 厘米/年。1936—1983 年，涧河、独流减河、歧口等岸段 0 米等深线向海延伸 100 ~ 2 200 米，外延速度达 4 ~ 46.8 米/年。

（2）相对稳定型海岸

主要分布在海河口以南至独流减河岸段。

岸滩特征：滩面较窄（3 600 ~ 4 000 米），坡度较大（坡降1.06‰ ~ 1.17‰）；潮滩分段明显，龟裂不发育；沉积物主要为极细砂、黏土质粉砂，并有自北向南逐渐细化的趋势；岸滩 0 米等深线自 1958 年至 1991 年变化不大，基本处于平衡状态，但滩面仍有微弱淤积，淤积速度 3.3 ~ 4.5 厘米/年。

（3）冲刷型海岸

主要分布在蛏头沽—大神堂岸段。

岸滩特征：滩面宽度小（3 400 ~ 3 500 米），坡度大（坡降1.13‰ ~ 1.14‰）；冲刷带直抵岸堤，岸堤有冲刷淘蚀现象，1998 年以前以石头砌成的防潮堤，1999 年 10 月考察时发现冲毁严重；沉积物以黏土质粉砂为主，0 米等深线自 1958 年至 1983 年蚀退 400 ~ 1 400 米。蚀退速度 12 ~ 56 米/年，但滩面仍有微弱淤积。

3）水资源

滨海新区位于华北平原海河流域下游，北依燕山，东临渤海，属于暖温带半湿润大陆性季风气候，多年平均降水量为 586.6 毫米，是海河流域五大支流汇合处和入海口，可谓"九河下梢"。历史上天津地区水资源十分丰富，20 世纪 50 年代下泄入海水量平均为每年 144 亿立方米。表 6 - 1 所示为天津市水资源状况。

表 6 - 1　天津市水资源状况

水资源量	多年平均值/（亿立方米）	不同保证率下的水资源量（亿立方米）		
		50%	75%	95%
地表水量	10.55	9.14	5.57	2.34
地下水量	8.32	8.32	8.32	8.32
外来水量	7.92	7.5	7.28	4.13

水资源量	多年平均值/ （亿立方米）	不同保证率下的水资源量（亿立方米）		
		50%	75%	95%
水资源总量	26.79	24.96	21.17	14.79
人均水资源量	261.7	243.83	206.8	144.8

（1）河流

本地区水系发育，海河水系和蓟运河水系均由本区入海。由北向南主要从天津海域入海的河流有蓟运河、潮白新河、永定新河、海河（汇集大清河、南运河、北运河、子牙河和永定河）、独流减河、子牙新河和捷地减河等。这些河流为天津海域输送了大量的地表水和泥沙，表6-2列出了天津海域入海河流的水文要素。

表6-2 天津海域入海河流水文要素统计

河流名称	长度 （千米）	年入海水量（亿立方米）				入海泥沙量（万吨）	
		年份	平均	最大	最小	平均	最多
蓟运河	3.6 （至海口）	1971—1981 年	7.51	20.64	0	1974—1983 年 6.23	25.90
潮白新河	467 （至防潮闸）	1972—1983 年	8.31	18.65	0	1973—1983 年 16.52	38.23
永定新河	681 （至海口）	1973—1983 年	1.46	4.92	0	1973—1983 年 3.98	15.93
海河干流	72 （至海口）		14.14	82.63	0	1974—1983 年 1.80	11.97
独流减河	70 （至海口）		3.26	23.26	0		
子牙新河	747 （至海口）		3.23	20.20	0		

除上述主要河流外，在滨海新区海岸带入海的河流还有青静黄排水渠、北排河、沧浪渠等，这些河渠均是下泄运河以东地区雨季洪水的沟渠。

（2）河口

滨海新区沿岸主要分布有永定新河、海河、独流减河、青静黄排水渠、北排河和子牙新河等河口。

海河干流历史上是海河流域南运河、子牙河、大清河、永定河、北运河5条河汇流入海的尾闾，流经天津市中心区、东丽区、南郊区和塘沽区，通过海河防潮闸流入渤海。根据流域规划和天津市城市防洪要求，海河干流除承泄大清河和永定河部分洪水外，还具有排涝、蓄水、航运、旅游和改善城市环境的功能。海河干流沿途可通过新开河和金钟河与永定新河相连接，通过洪泥河与独流减河相连接。

永定新河紧靠市区北侧，是永定河的泄洪尾闾，除承泄永定河洪水入海的任务外，左岸还依次有机场排水河、北京排污河、潮白河和蓟运河，右岸有金钟河、北塘排污河、黑猪河等汇入，兼负排污及利用上段南河输送引滦水至海河的任务。永定新河口实际上是海河流域北系四河（永定、潮白、北运、蓟运）的共同入海通道。该河1971年开挖，流经北辰区、宁河县、东丽区和塘沽区，从屈家店至北塘镇入海，全长62千米，是以深槽行洪为主的复式河槽，大张庄以上14.5千米为三堤两河，以下合并为一河。南北两河上端屈家店处均设有进洪闸与永定河泛区相接，南河末端大张庄设有节制闸和引水闸，沿途各汇入河道均设有挡潮闸。

独流减河位于市区南侧，是承泄大清河系洪水的主要入海尾闾。该河始挖于1953年，1966年以后河道经多次扩建和延伸；1967年于入海口处修建工农兵防潮闸，1993年改建，改称独流减河挡潮闸。河道西起进洪闸，流经静海、西青、大港区，于独流减河挡潮闸入渤海，全长70千米。

（3）洼淀、水库

天津地区是退海之地，湖泊、洼淀星罗棋布。滨海地区洼淀有杨家泊、七里海、宁车沽、黄港、大黄堡、北大港、沙井子、钱圈、鸭淀等。为解决滨海地区城镇供水、消洪减涝，自20世纪60年代以来，修建了许多洼淀水库。区内的大、中、小型水库有高庄水库、七里海水库、营城水库、北塘水库、黄港水库、邓善沽水库、官港水库、北大港水库和沙井子水库等，面积达1.88万平方千米，总库容量达3.66亿立方米。

4）海岛

天津唯一面积大于500平方米的海岛是三河岛。三河岛位于彩虹大桥北侧、永定新河与蓟运河汇合处的河道之中，岛中心点坐标39°06′42″N，

117°43′22″E，距天津市区、塘沽城区和汉沽城区分别为42千米、11千米和17千米。三河岛包括陆地和潮间带两部分。2005年夏、秋调查显示：三河岛陆地面积12 900平方米，潮间带面积40 700平方米，总面积53 600平方米。岛北侧岸线高程 +3.30米，岛西南端最高点高程 +6.55米。陆地部分是三河岛的主体，除北侧的两座碉堡凸起于地表外，全岛大部被植被覆盖。潮间带为淤泥质裸滩地，主要分布在三河岛的南、北两侧，因潮汐涨落而周期性被海水淹侵。1974年三河岛成岛以前，该地属军事用地。1974年以后，三河岛逐渐由人工岛演化为海岛，土地分为陆地和潮间带（潮滩）两部分。陆地为未利用荒草地，潮滩为未利用裸滩地。三河岛形成至今，从未被开发利用。

2. 堤防状况

据不完全统计，天津沿岸近几年建成或在建的堤防项目如下（表6-3）。

表6-3　近年主要堤防建设情况

名称	开建时间	宽度（米）	堤防长度（米）	设计标准（米）
天津港南疆南外堤延伸工程	2007-08		3 150	5
天津港南疆南外堤西延工程	2007-09		2 730	5
天津临港产业区防护堤工程（CQ段）	2007-11	3	7 147.12	5.5
天津港东疆港区东海岸一期防波堤工程（二期）	2007-11		1 075	7
天津滨海信息产业创新基地防波堤工程	2007-12		5 672.32	
天津临港产业区北港池北堤工程	2009-05	8	4 370	6
天津临港产业区中港池南堤工程	2009-09	8	3 990	6.0
天津南港工业区北防波堤工程	2009-09	4~5.408	6 582.437	4.5
天津临港工业区东防护堤工程	2009-12	6.0	5 200	6.0
天津临港产业区防波堤一期工程	2009-12		14 800	
天津临港产业区中港池北堤工程	2009-12	8	4 173	6.0
天津港东疆港区北大围埝工程	2010-08	10	5 732.9	6
天津港临港工业港区北防波堤工程	2010-08	6	2 905	5
天津港临港工业港区东、北防波堤潜堤段工程	2010-08	6.75	3 835 m	2
天津港临港工业港区东防波堤工程	2010-08		6.5 km	5

3. 地面沉降

1959 年至 2009 年累计监测结果显示，全市最大累计沉降量为 3.3 米，位于滨海新区塘沽上海道与河北路交口一带，已低于平均海平面 1 米。

过量开采地下水是引起地面沉降的主要原因，由于长期超采，使地下水位大幅度下降，造成弱透水层和含水层孔隙水位压力降低，黏性土层孔隙水被挤出，使黏性土产生压密变形，而引起地面沉降。地面沉降已成为本区的主要地质灾害，在一定程度上制约着国民经济的发展，并已造成了巨大的经济损失。地面沉降是一种缓变型地质灾害，每年几毫米到几十毫米，往往大面积产生，一般不易发现，只能通过水准测量才能确定地面沉降与否以及沉降量。所以当发现地面沉降后，业已造成了相当严重的后果，且具有不可逆性，已形成的沉降量绝大部分是不能恢复的。

地面沉降所造成的最大危害就是损失地面标高，如海河泄洪能力大大降低；建筑增加填土方量；井管上升影响正常使用；造成市政排水困难等，特别是滨海地区更加重了风暴潮对沿海地区的威胁。

近年来，天津地区的地面沉降已经得到了一定的控制。2009 年的地面沉降监测结果显示，与近 3 年平均水平相比，北部的蓟县、宝坻区仍无明显地面沉降现象，宁河县除潘庄镇、造甲城镇与北辰交界处的少部分地区有 2 厘米左右的沉降外，其他地区地面沉降轻微。

4. 海水入侵与土壤盐渍化

天津地区现有沿海区域均为退海和人工围海造陆形成，地形是制约土壤分布的主要因素，滨海盐土分布于塘沽、汉沽、大港等区，面积较大。盐渍化过程主要从两个方面破坏土壤的生产能力：第一，土壤盐渍化严重地损害了土壤的生产能力；第二，引起根毛细胞脱水使作物不能正常生长甚至死亡。另外，盐土中的盐碱还可以对植物的器官产生危害，直接导致植物植株枯死。土壤盐渍化对生态环境的损害不仅破坏了土壤的生产力，而且损害了土壤生态环境的一系列服务功能，如对地表水和土壤水的调节功能、对大气与土壤空气的调节功能、对温度的调节功能、对土壤生态系统中微生物的支持能力以及土壤的自净功能等。为此天津地区主要采取种植耐盐植物的措施加以防范。

2008 年对汉沽区、塘沽区、大港区 3 个区域里村庄所使用的饮用水井进行普查得出以下结论：本次普查，共找到居民饮用水井 18 个，询问当地村民得知，因天津沿海地区大面积土地均为退海所形成，不少村庄都存在大面积的盐碱地，当地日常饮用水井井深都超过百米以上，井水均为甘甜的地下水，目前还无法监测该地区的海水入侵程度。

5. 生态状况

"天津古海岸与湿地国家级自然保护区"于 1992 年 10 月经国务院批准建立，是我国唯一的以贝壳堤、牡蛎滩珍稀古海岸遗迹和湿地自然环境及其生态系统为主要保护和管理对象的国家级海洋类型自然保护区。这是国内外难得的三种不同类型地质体共存于一个行政区划内的特例。

天津古海岸与湿地自然保护区位于渤海西岸、天津地区的东部。范围跨越塘沽、汉沽、大港、东丽、津南、宁河等区县，主要为七里海湿地自然保护区。

七里海位于天津市宁河县西部，东距宁河县城芦台 23 千米，西距天津市区 30 千米，天津机场 20 千米，南距渤海湾 15 千米，与天津滨海新区接壤；距北京 140 千米，唐山 70 千米，总面积 95 平方千米，其中核心区 56.5 平方千米，潮白新河自北至南穿流而过，将七里海分为东海和西海，东海为水库和苇地，16.26 平方千米，西海为苇海，32.27 平方千米，潮白新河滩地 8 平方千米，全区分别在俵口、七里海、潘庄、淮淀、造甲 5 个乡镇 24 个自然村。

七里海是 1992 年经国务院批准的天津古海岸与湿地国家级自然保护区核心区的主要组成部分，是津京唐三角地带极其难得的一片绿洲，是镶嵌在津沽大地的一颗璀璨明珠，是天津滨海地区既美又大的后花园，也是我国第一个并且是唯一的古海岸与湿地同处一地的国家级自然保护区，还是世界著名的三大古海岸遗迹之一。

1）七里海的形成与演化过程

七里海地区在地质上属于中国华北平原强烈沉降带东北部，新生代以来一直持续下沉，七里海地区在地貌上，介于黄河海河三角洲与滦河三角洲之间相对低洼区，由于源于燕山诸河的输送量远不如永定河和滦河，致使填积七里海地区的物源不足，七里海因而长期处于洼地状态，距今 1 万年前的第四纪后期，全球气候变暖，海面逐渐上升，8 000 年前，天津经历了一次大规模的海侵，地质上称为"天津海进"，在高峰时最西处直达白洋淀。从距今5000年开始，渤海逐渐海退，距今约2000年前，七里海一带逐渐成为洼淀沼泽，到距今800年，由于黄河的再度洗礼，割断了古潟湖与古渤海的通道，使七里海演变成了淡水湖，并逐渐远离了渤海，到了民国时期，水域面积又缩小不少，这个海陆变迁过程，从七里海地区发掘出的大量在黄河三角洲阶段性向海洋推进造陆过程中形成的珍贵的自然遗迹，可以得到验证。

2）七里海的自然条件和野生资源

七里海具有北国水乡特点，属于典型的古潟湖湿地生态系统区。

（1）水源

七里海地处"五河尾闾"，历史上曾是天津北部众水汇流之地，现仍有潮白新河、蓟运河、青龙湾河、曾口河与其相连，七里海最大蓄水量0.8亿~1亿立方米，其中，东海水库蓄水量7000万立方米，最大水深3米，西海蓄水量随芦苇生长调节，蓄水量可达1500万~3000万立方米，水深0.5~1米，一般情况下，七里海最高用水期需水量5000万~6000万立方米，天然降水约2000万立方米，再补充3000万~4000万立方米客水，即可满足整体用水需求。

（2）水质

七里海区域内及周边乡镇无排毒类工厂等污染源，水源主要靠天然降水和各河上游下泄的客水，加上七里海大面积的繁茂芦苇、蒲草自身的清污净化功能，七里海水质始终保持清纯状态，经环保部门化验测定，七里海地区水质达到二级标准。

（3）土壤

七里海保护区土壤类型以盐化湿潮土、湿潮土为主，组成物质为砂质黏土和含淤泥黏土粉砂。

（4）野生植物资源

七里海湿地有野生植物41科153种，生长于荒地、河滩、堤旁、池边、苇地、水面等处，很多有生态价值、观赏价值、食用价值和药用价值，有些为稀有的基因物种。

6. 风暴潮灾害

根据观测资料，自1980年以来共发生了17次受热带风暴和温带气旋影响在渤海湾发生的较严重的风暴潮灾害。

1984年07号台风致海河水位暴涨，超过警戒水位（3米）0.36米，杭州道大坝处决口15米。

1985年8月2日强潮涌进塘沽新港码头，货场水深0.3～0.5米。19日下午17时30分，大风暴潮，潮位最高达5.5米。塘沽盐场、大沽、北塘海挡全线漫溢，塘沽盐场最高潮位超过海挡80厘米。海河堤防冲决20余千米。东沽洼地水深2米，北塘3 140户进水，全区被淹万余户，出现危险、倒塌房屋1 166间，工商企业、港口码头大部进水，造成经济损失7 000余万元。

1985年8509号台风，于8月19日09时登陆山东胶南，后穿过山东半岛，经渤海海峡，于19日19—20时登陆大连，进入辽东半岛。8月19日塘沽新港地区发生了一次大海潮，虽然此次台风离塘沽较远，台风引起塘沽的增水也不算太大，最大增水1.38米，发生在高潮后两小时，差点儿叠加在日高潮上，此时正值年天文大潮期，塘沽出现了5.42米（水尺零点在平均海平面下2.55米）的高潮位。由于塘沽地面明显下沉，防潮能力大大降低，致使新港一带不少地方上水，东沽一带淹水1米多深，塘沽新港船厂、港务局码头货场有的地方淹水深达60～70厘米，部分物资设备被淹，直接经济损失6 000多万元。

1987年7月29日，海潮涨至4.64米。8月26日，达4.72米。潮浸加风雨内涝使塘沽大部积水，最深处达1米以上，造成12 472户进水，危险、倒塌房屋100余间。长芦盐场淹没盐坨277个，损失原盐23.7万吨。港区全部进水，直接经济损失1 700余万元，海河沿岸农田被淹。

1992年6月5日一次温带风暴潮过程使塘沽港出现了4.13米的高潮位，最大增水几乎与天文高潮同时发生；另一次发生在10月2日，塘沽最高潮位5.21米，超过警戒水位0.51米，过程最大增水与天文高潮同时发生，高潮增水1.17米，塘沽港局部低洼地区受潮水浸泡。

1992年受9216号热带风暴北上的影响，天津市"遭到了1949年以来最严重的一次强潮袭击"，有近100千米海挡漫水，被海潮冲毁40多处，大量的水利工程被毁坏，沿海的塘沽、大港、汉沽三区和大型企业均遭受严重损失。天津新港的库场、码头、客运站全部被淹，港区内水深达 1.0 米，有 1 219 个集装箱进水。新港船厂、北塘修船厂、天津海滨浴场遭浸泡，北塘镇、塘沽盐场、大港石油管理局等 10 多个单位的部分海挡被海水冲毁。天津防洪重点工程之一的海河闸受到较严重损坏。港口和盐场的 30 余万吨原盐被冲走。大港油田的 69 眼油井被海水浸泡，其中 31 眼停产。沿海 3 个区 3 400 户居民家进水。有 1.8 万亩养虾池被冲毁。大港石油管理局滩海工程公司正在修建的人工岛，其钢板外壳被风暴潮和大风、大浪撕开 60 多米长的大口子。9 月 1 日 17 时 50 分，强风暴潮袭击天津沿海，塘沽潮位达 5.98 米，东北风 8～9 级，阵风 11 级，塘、汉、大三区受损严重，港务局码头 2 400 多个集装箱和大批散杂货被海水淹泡，天津港积水 1 米多深，沿海海挡潮损严重，经济损失约达 4 亿元，是新中国成立以来天津市沿海最严重的一次潮灾。

1993 年 11 月 16 日渤海发生了一次较强的温带风暴潮，恰遇农历十月初三天文大潮期，沿海潮位较高，观测到的最高潮位 4.86 米，超过警戒水位 0.16 米，使天津塘沽新港客运码头和航道局管线队等地部分堤埝少量上水，新港船闸漏水，地沟反水。

1996 年，渤海湾有 3 次较强的温带风暴潮过程（7 月 30 日 15 时 10 分，10 月 30 日 5 时 20 分及 11 月 11 日 14 时 40 分）天津塘沽海洋站先后观测到 4.93 米、5.10 米和 4.95 米的最高潮位，分别超过警戒水位 0.23 米、0.40 米和 0.25 米，天津市塘沽区部分地区堤埝少量上水，没有造成明显损失。

1997 年，由于受 9711 号台风的影响，天津市沿海 8 月 20 日 16 时许，高潮位达 5.59 米。同时伴有 8～9 级偏东北风（海上阵风 11 级）形成自 1992 年 "9·1" 大潮以来的天津市第二个高潮位。这次风暴潮给沿海有关单位造成直接经济损失 6 761.46 万元，码头货损 3 586 万元（估计数），海挡损失 2 024 万元，全市总共损失 12 821 万元。

2003 年 10 月 11—12 日受北方强冷空气影响，渤海湾、莱州湾沿岸发生了近 10 年来最强的一次温带风暴潮。受其影响，天津塘沽潮位站最大增水 160 厘米，该站最高潮位 533 厘米，超过当地警戒水位 43 厘米；河北黄骅港潮位站最大增水 200 厘米以上，其最高潮位 569 厘米，超过当地警戒水位 39 厘米；山东羊角沟潮位站最大增水 300 厘米，其最高潮位 624 厘米（为历史第三高潮位），超过当地警戒水位 74 厘米。此次温带风暴潮来势猛、强度大、持续时间长，成灾严重。风暴潮给天津带来直接经济损失约 1.13 亿元，失踪 1 人。新港船厂设备被淹，库存物资损失严重，部分企业停产。天津港遭受浸泡的货物有 37 万余件，计 22.5 万吨，740 个集装箱和 107 台（辆）设备遭海水淹泡。大港石油公司油田停产 1 094 井次。原盐损失 15.3 万吨；淹没鱼池 3 440 亩；渔船损毁 156 条、渔网 27 排；海堤损毁 7.3 千米，泵房损坏 13 处；倒塌民房 1 间，损坏 544 间。

2003 年 11 月 25 日凌晨，由于受偏东大风和天文大潮的共同影响，塘沽区出现了一次风暴潮灾害。这次风暴潮最高潮位出现在 4 时 15 分为 5.20 米（天津验潮站资料），至 6 时左右潮位已经退至警戒潮位 4.70 米以下为 4.56 米。当日 9 时前后塘沽局专门派人到港务局等单位调查了受灾情况。这次受灾单位为新港船厂、客运码头、天津港一公司等单位，其中新港船厂受灾最严重，整个厂区积水达 40～50 厘米深。客运码头积水也达 10～20 厘米，而天津港一公司等地势低洼区域有积水，而且浸泡的基本上均是钢材等耐泡物品，大部分货物都没有受影响。所以，这次风暴潮给天津港各公司造成的损失比较小。

2004 年 9 月 15 日，受 21 号热带风暴"海马"影响，热带低气压从渤海海面北上莅临天津，风暴潮两次袭击天津沿海，凌晨 3 时，天津港潮高达到 4.65 米，汉沽区遭遇强风暴潮袭击，4 处海挡堤坝被海潮冲开。海潮涌进了汉沽区营城镇大神堂村 150 户渔民的房子；汉沽区营城镇 7 个临海渔村的 2 000 多亩养殖虾池被海水淹没，部分渔船受损；造成直接和间接经济损失 2 000 余万元。16 时 30 分，天津沿海又遭到新一轮风暴潮的袭击，沿海潮位 4.92 米，超过警戒水位 0.02 米。

2005 年 8 月 8 日，受台风"麦莎"影响，天津港 8 日下午的最高潮达到 5.18 米，天津港风力 5～6 级。8 日中午 12 时，天津港开始涨潮，船闸潮位为 1.88 米；15 时 25 分，潮位超过 4.30 米，此后潮水开始迅速上涨并漫过船闸，降雨量也开始增大；至 17 时 30 分水位最高达到 5.18 米，平潮 5 分钟后开始退潮；至 19 时 30 分，船闸水位退至 4.52 米，闸面露出水面。埕北油田 A 平台时测阵风 11 级，风向北；16 时 35 分，埕北油田 A 平台时测阵风 9 级，风向北，陆地风力较小；傍晚，陆地风力开始加大，20 时 10 分，天津港大沽锚地风力 7 级，风向北，同时天津滨海新区陆地风力也达到 7 级，风向北。至 8 日 20 时 30 分，由于各方采取措施得力，天津沿海未遭受明显的损失。

2007 年 3 月 4 日，天津海域发生 30 多年来最强风暴潮，凌晨 4 时，塘沽实时潮位 4.69 米，接近警戒水位；到 4 日上午 11 时，天津海域海上风力达到 9 级。因为准备充分、应急反应迅速，此次风暴潮没有造成重大海上安全事故和人员伤亡，周边房屋与设施亦没有受到严重损坏。

2008 年 8 月 22 日下午，塘沽海域出现了近两三年来最大的风暴潮，风暴潮在下午 4 时左右淹过船闸。根据海潮监测站监测，最高潮位达到 5.18 米，出现在当日下午 6 时 05 分，这是近几年来塘沽区遭遇的最大风暴潮。风暴潮在达到最高潮位后潮水逐渐下降，于晚上 8 时左右回复正常潮位。下午 6 时左右，临近船闸桥的渤海石油路上约百米的范围内有 20～30 厘米深的积水，来来往往的车辆行人都需涉水而行。由于提前预测 22 日将有大规模的风暴潮来袭，且控制得当，此次风暴潮没有对周边区域居民生活造成大的危害和影响。

2009 年 2 月 13 日清晨，受温带气旋与冷空气的综合作用，促进了偏东大风的形成。风暴潮侵袭天津港，海水漫过客运码头涨到新港一号路上。部分单位的班车因此受到影响，一时无法进入港区。天津港一号卡子门附近，有百余辆汽车停在道路两旁，排成几十米的长队。海水漫上街道，坑洼处积水深达半米。部分车辆被潮水困住。凌晨 5 时 30 分，永定河河口蛏头沽附近，海滨大道北段二期工程施工项目部施工现场滩涂处被漫上来的海水淹没，现场 60 名工人被海水围困。

2009 年 4 月 15 日，天津地区受强冷空气影响，东北风 7～8 级，阵风 9 级，最高潮位 5.04 米。恶劣的天气导致天津辖区水域发生多起险情，先后有 43 人被成功救起。

（二）唐山市

唐山地处环渤海湾中心地带，38°55′—40°28′N，117°31′—119°19′E。

现辖 2 市 6 县 6 区和 6 个开发区（管理区、工业区、园区），总面积 13 472 平方千米，人口 735 万人（2009 年 6 月）。市区面积 3 874 平方千米，人口约 310 万人；唐山地区 2008 年城市建成区（含县城）面积约 420 平方千米，唐山地区城市人口 2008 年为 300 万人，唐山中心城市 2008 年建成区面积为 130 平方千米。

1. 基础地理信息

1）沿海地形地貌及海岸带

依据河北省海岸线 2008 年 12 月最新修测成果，唐山市大陆海岸线总长 229.7 千米。唐山市所属大陆海岸线东起乐亭、昌黎县际界线沿河堤，与秦皇岛市接壤，西至涧河口西侧津冀省际北界线，与天津市相邻。目前已进行开发的港口岸线主要包括唐山京唐港区和唐山曹妃甸港区两段，共计约 32.5 千米，占大陆岸线总长的 14.1%。已开发的岸线主要用于港口航运、水产养殖和盐业。此外，唐山市滦河口外、曹妃甸海域共有大小砂质岛屿 70 个，岛屿岸线 125.7 千米。

唐山市沿海地区属于燕山沉降带和华北坳陷两个 II 级构造单元，自北向南可再分属山海关隆起、渤海中隆起和黄骅坳陷三个 III 级构造单元。在不同的大地构造背景上，受内、外应力在空间、时间上作用的差异影响，形成不同类型的沿海陆域地貌、潮间带地貌、浅海海底地貌等海岸地貌。近岸海域有曹妃甸、石臼坨、月坨等滦河三角洲蚀余岛、打网岗离岸沙贝岛、蛤坨等贝壳沙坝岛和滦河口沉积沙岛。

区域地貌特征：以大清河为界，东部陆域为滦河三角洲平原，海岸是典型的砂质复式海岸，近岸海域多离岸沙坝岛；大清河口附近海域为开放性潟湖；西部陆域为海积平原，地势低平，岸线平直，属淤泥质海岸；潮滩平缓，一般坡度在 0.5‰～1‰。

2）河流

唐山市河渠包括：沙河、陡河、西排干、津唐运河、红石沟、二滦河、老米沟、长河、新湖林河、小河子、大清河、滦河、小清河、溯河、青龙河、双龙河、第二泄道。

（1）沙河发源于迁西县好树店，经滦县，唐山市古冶区，在丰南经草泊，由黑沿子镇入海，河长 108 千米，流量为 400～500 立方米/秒。

（2）陡河上游有两支，一支是东支管河，另一支是西支泉水河。在双桥附近会合称陡河，经唐山市区、丰南稻地、黄各庄、柳树圈、于涧河口入海，河长120千米，流量为500立方米/秒。

（3）西排干在丰南境内长37.4千米，由黑沿子镇涧河村入海，流量为101立方米/秒。

（4）津唐运河在丰南境内长27.8千米，由汉沽农场裴庄汇入还乡河改道入海，流量为150立方米/秒。

（5）红石沟发源于乐亭马庄子，与北海滨村南入海，为季节性河流，河长18千米。

（6）二滦河由滦南县大李庄村北滦河主道岔出，在狼窝口附近入海，属季节性河流，旱季干枯无水，雨季汇流成河，全长80千米。

（7）老米沟发源于乐亭岗子庄，经赵庄子、钟庄、柳林村，于东南老米沟闸入海，庵子东有支流汇入，为季节性河流，全长14.6千米。

（8）长河也称滦河故道，有乐亭县龙王庙村东北二滦河岔出，在乐亭海田村东南入海。全长31.8千米。

（9）新湖林河是1970年开挖的疏浚河，河起乐亭东刘庄村东，至京唐港西入海，全长22.2千米。

（10）小河子起源于乐亭三刘庄村北，于乐亭东海庄子南入海，全长34.21千米。

（11）大清河起源于张家房子，经边打庄、庞各庄东村、郭家房子、孟家铺、石桥头、西里庄、村行子，于乐亭大清河口入海，全长54千米。

（12）滦河发源于丰宁县西北之巴彦图古尔山麓，于昌黎乐亭交界处入海，全长877千米。

（13）小清河起源于滦南县暖泉，全长51千米，滦南县内长47千米，于大浦河口入海，最大流量241立方米/秒。

（14）溯河包括新老溯河，全长8.5千米，两河汇于滦南蚕沙口南闸处向下入海，最大流量194～330立方米/秒。

（15）青龙河发源于滦南邢各庄村南，全长79千米，于高尚堡入海，最大流量301～375.5立方米/秒。

（16）双龙河发源于滦县茨榆坨北，全长65千米，于南堡嘴东入海，最大排水量 380 立方米/秒。

(17) 第二泄道全长 28.2 千米,于大庄河排干流入渤海,最大泄量 89 立方米/秒。

3)水资源

唐山属暖温带半湿润季风气候,气候温和,全年日照 2 600～2 900 小时,年平均气温 12.5℃,极端气温最高 32.9℃,最低 −14.8℃。无霜期 180～190 天,常年降水 500～700 毫米,降霜日数年平均 10 天左右。从 1951 年到 2002 年的数据显示,整个华北地区的降水都在减少。唐山市的年降水量也呈现了下降的趋势。1980 年以前,大多数年份的降水都在平均值以上,有些年份一度超过了年均降水量的 60%。从 1980 年开始,大部分年份的年降水量都低于年平均降水量。2002 年一度低于年平均降水量的 40% 以上。

(1)水资源概况

唐山市水资源比较丰富,历史上主要是防御水灾,开发利用很少。新中国成立以后,随着工农业生产的发展,水成为发展国民经济的重要条件,几十年来经过详细勘察和计算,水资源情况已基本清楚。现在可用水量分两类。

① 地表水资源量 146 200 万立方米。省级以上工程供水量:潘家口水库蓄水主要供天津市、唐山市工农业用水,其水量分配,保证率在 75% 时,可调节水量 19.5 亿立方米,分配给天津市 10 亿立方米,唐山市 9.5 亿立方米。大黑汀水库保证率在 75% 时,可调节水量 1.81 亿立方米。滦河河道大黑汀水库以下,滦县以上区间来水 4 亿立方米,滦河沿岸卢龙、昌黎农业用水 1.05 亿立方米,由区间水中扣除。于桥水库每年向玉田、丰南供水 0.6 亿立方米。滦河及跨省市大型水利工程保证率在 75% 时,年可供唐山市用水量 14.86 亿立方米。唐山市辖有大中水型水库 154 座,总库容 9.6 亿立方米,兴利库容 2.63 亿立方米。年可调节水量,保证率在 50% 时为 2.01 亿立方米,保证率在 75% 时为 1.15 亿立方米。各类大中小型引提水工程,保证率在 50% 时年可供水 1.89 亿立方米,保证率在 75% 时年可供水 1.11 亿立方米。合计保证率 50% 时,年可供水量 3.89 亿立方米,保证率在 75% 时年可供水量 2.36 亿立方米。

② 地下水资源量 136 900 万立方米。主要是平原区浅层淡水，可用量 9.39 亿立方米。山丘区多年平均河川基流量 4.01 亿立方米。平原浅层地下水开采量逐年增大。新中国成立初期年开采量 0.5 亿～0.7 亿立方米，到 1980 年实际开采量 8.6 亿立方米，比多年平均综合补给量 9.93 亿立方米少 1.33 亿立方米。随着工农业生产和人民生活用水量的不断增加，1982 年开采地下水 15.2 亿立方米，1983 年开采地下水 15 亿立方米，1984 年开采地下水 16.5 亿立方米，1985 年开采地下水 13.96 亿立方米，1986 年开采地下水 14.4 亿立方米。地下水已严重超采。

（2）水利工程及水资源利用现状

唐山市境内大中型水库共蓄水 16.02 亿立方米（含桃林口水库），主要水库有潘家口、大黑汀、陡河、邱庄水库、般若院、房管营、上关水库。

潘家口水库位于宽城满族自治县西部罗台、塌山、独石沟三乡所辖地域的结合部。此水库是经国务院批准，作为"引滦入津"的重要工程之一修建的。潘家口水库为引滦入津的主体工程，是华北地区的水库之一。它由一座拦河大坝和两座副坝组成，最大面积达 108 000 亩，最深处 80 米，水库总容量 29.3 亿立方米，库区水面 105 000 亩。

陡河水库坐落于燕山南麓的陡河上游，位于唐山市东北 15 千米处，总库容 5.1 亿立方米，坝高 25 米，防洪标准为千年一遇设计，万年一遇校核。工程于 1955 年动工兴建，1956 年竣工，是一座具有防洪、供水、灌溉等综合性利用的大型水利枢纽工程。自运行以来，先后调蓄了可致灾洪水 17 次，工业供水遍及唐山市区并远供沿海大型企业，农业灌溉 50 多万亩。

2. 堤防状况

1）丰南区堤防建设情况

从 1985 年开始，原黑沿子乡开始了大规模的滩涂开发，建起了大面积的虾池和盐田。1987 年唐山碱厂在沿海建起了储渣池，这样临海一侧的虾池、盐田和储渣池的围埝就成为现今的海堤。海堤总长度约 27.6 千米（引自河北省水利志）。自滦南丰南县际界沿海挡至储渣场西北角（唐山市丰南区滨海镇），过沙河河口沿海挡至陡河口，经沿海高速向海一侧边沿向西至津冀省际北界线（唐山市丰南区黑沿子镇）。现有海堤顶宽均在 4 米以上，内外坡在 1:3 左右，顶高程在 3.57～5.0 米之间，其中高程在 5 米左右的堤段长 2.5 千米，高程在 3.57～5.0 米之间的堤段长 13.5 千米。

1998 年争取国债资金等 1 800 万元，对沿海的防潮闸及沙陡河间的 8 千米临海堤进行了维修及加固，标准 30 年一遇。

丰南区海堤建设 2000 年、2001 年投资工程。该工程于 2003 年 10 月 28 日开工，2004 年 10 月 25 日竣工，修筑 7.8 千米河口海堤工程，标准 30 年一遇。

2008 年丰南区海堤加固工程安排加高加固涧河环村海堤 4 600 米，海堤结构形式为将原有土堤加高加固至顶宽 5 米，边坡 1:3，顶高程 4.06 米，迎水坡干砌石护砌厚 30 厘米，背水坡抛石 30 厘米，堤顶采用 20 厘米厚混凝土硬化。工程投资 1 500.32 万元，于 2009 年汛前完工。

2）乐亭县堤防建设情况

滦河防洪围墙 79.6 千米，设计防洪标准 5 000 立方米/秒，校核 7 000 立方米/秒，1978 年初建，1981 年竣工。滦河防洪大堤 14.9 千米，保证标准 20 000 立方米/秒，1951 年初建。

乐亭县从 1993 年至 2005 年加固堤防 6.9 千米，堤顶高程 4.45 米，顶宽 30 厘米，坡底 30 米。

3）滦南县堤防建设情况

海堤初是 1956 年兴建，到 1997 年海堤全长 146 千米，从唐山与丰南交界点至小青河大庄河闸乐亭县海堤起点。海堤 78 千米，河口堤 68 千米。滦南县自 1998 年到 2009 年新建海堤加固 41 千米，标准：堤顶高程 4.45 米，边坡 1:3，顶宽 5 米。

4）唐海县堤防建设情况

1958 年开建沂河至青龙河口海堤，长 17 千米；1972 年开建一农场至零点桥海堤，长 54 千米；1983 年开建十里海南部海堤，长 6.5 千米；1992 年开建十里海南部海堤，长 4.5 千米。

5）曹妃甸海堤建设情况

2007 年曹妃甸东南段海堤一期工程，该工程全长 2 310 米，属围堤工程，为抛石斜坡堤结构，抛石量约 81 万立方米；围堤内侧设置大型充砂袋，约 27 万立方米；围堤与充砂袋堤之间为吹填砂，约 23 万立方米，形成一条沿曹妃甸工业区东南海堤的永久性海堤和疏港路。曹妃甸工业区东南海堤二期工程，该工程位于曹妃甸工业区东南部，长 16.46 千米，宽 21 米，围堤采用双棱体形式，为临海侧采用抛石、陆地侧采用袋装砂和回填砂的斜坡堤结构，形成一条宽 21 米、双向 4 车道的沿曹妃甸工业区东南海堤的永久性海堤和疏港路。

3. 海岸侵蚀

按平均速度划分海岸侵蚀程度可分为五类：淤积岸段、基本稳定岸段、轻度侵蚀岸段、中度侵蚀岸段、严重侵蚀岸段。唐山市海岸以大清河口为界，东部属于严重侵蚀岸段、海岸侵蚀速度 3～5 米/年，西部逐渐过渡为淤积岸段、南堡至涧河口海岸淤进速率可达数十米。

4. 生态状况

1）自然保护区

石臼坨诸岛省级海洋自然保护区于 2009 年 5 月 29 日经河北省人民政府批准建立的海洋自然保护区。该岛位于唐山乐亭县大清河口外，距乐亭县城 43.6 千米，距大清河口（捞鱼尖）最近点仅 900 米。石臼坨诸岛由石臼坨，月坨 1、2、3，腰坨 1、2，西坨及 62、63、70 号无名岛和周围滩涂水域组成。其中石臼坨岛最大，面积 3.42 平方千米，为河北第一大岛。

保护区的范围为诸岛周围 0 米等深线包围的范围，总面积为 3 774.7公顷，其中，海岛陆地面积为 388.89 公顷；核心区 1 223.429 公顷，缓冲区 993.001 公顷，实验区 1 558.27 公顷。石臼坨岛长期以来人迹罕至，人为干扰破坏少，丰富的动植物资源得到了较好的保存。岛上共有维管束植物 157 种；其中，蕨类植物 2 种，被子植物 155 种，分属落叶阔叶林、灌丛、草丛和灌草丛、滨海盐生植被、滨海沙生植被、沼生植被、栽培植被7 个群落。丰富的植物资源为鸟类的栖息繁衍创造了条件，使石臼坨岛成为远近闻名的"鸟岛"。其中有列入联合国《濒危野生动植物种国际贸易公约》的鸟类 14 种，有列入"中日候鸟保护协定"的鸟类 176 种，有国家一类保护鸟类 12 种、国家二类保护鸟类 60 种；列入《中国濒危动物红皮书》的水鸟21种，是国际观鸟基地，每年吸引大批外国观鸟团前来。这些动植物资源与大海、沙滩有机结合，形成了优美的自然景观和宜人的海洋生态环境，因此，保护海洋及海岸自然生态环境，向游人提供观赏价值较高的野生生物资源，是旅游开发的精华和主题。

石臼坨岛与其他沿海旅游区相比，具有明显的独特性。岛上沙丘密布，滩涂平坦，可进行沙浴、沙雕、日光浴等活动；岛上北部人迹罕至，多草滩、草地、灌木，呈现荒岛景观，临此有空旷、原始之体验；岛上草木丛生，植被覆盖率达89%，有多种乔木、灌木及花草植物；因植被茂盛、滩涂广阔、人烟稀少、食物丰富，吸引着数百种鸟类来此栖息、繁衍。再加上建于明朝的"朝阳庵"遗址、残碑和建于清代的"潮音寺"后殿等历史遗迹的点缀，使该区域具有很高的观赏价值和科研价值。

目前，石臼坨诸岛已经被省政府列为省级海洋自然保护区，这对保持稳定良好的海岛生态环境，保存海岛的生物多样性，以及开展科研教育工作都将起到积极的促进作用。

2）滨海湿地

（1）石臼坨、月坨湿地

位于大清河口外，由石臼坨、月坨、腰坨等海岛陆域和周边潮滩构成，面积3 774.7公顷，其中，陆域面积388.89公顷，主要优势种为哈氏美人虾、青蛤等。

（2）滦河口湿地：总面积7 657.89公顷，占河北省湿地总面积的2.76%。

（3）唐海湿地

唐海湿地，位于唐山市唐海县，南接渤海，面积5.4万公顷，占唐海县土地面积的73.8%，是由沿海滩涂、湖泊、鱼塘、河流等组成的滨海复合型湿地，也是东北亚和环西太平洋鸟类迁移的重要驿站。

在唐海的天然湿地里除了湖泊和沼泽外，还有河流湿地。湖泊和河流、沼泽在唐海的天然湿地里又属于内陆湿地，这里还有滨海的海岸湿地。每天海水退潮之后裸露出来的海岸滩涂会吸引成千上万的鸟，它们在这里觅食鱼虾，涨潮时飞走，退潮时回来，如此周而复始。

除了大面积的天然湿地外，唐海县还有很多虾池鱼塘、平原水库和水稻田，这些都是人工湿地，也是唐海人经济的来源。唐海是河北省著名的水稻生产基地，这里有 25 万亩左右的水稻田，也是唐海面积最大的人工湿地。在水稻田里，最有特色的就是立体养殖。稻田养蟹不仅提高了农民的收入，对保护湿地也有很重要的作用。

5. 风暴潮灾害

唐山沿岸风暴潮多发生在夏、秋两季。经统计 1960—2009 年唐山沿海地区所发生的风暴潮灾情，发现 50 年间一共出现了 9 次风暴潮；1965 年、1999 年和 2003 年的风暴潮属于温带风暴潮，是由冷槽引起；其余 6 次风暴潮都是由台风引起，属于台风风暴潮。

1965 年 11 月 7 日（农历十月十五），受东北大风产生的温带风暴潮影响，唐山市曹妃甸一度被海水淹没，在岛上作业的海洋石油 1806 钻井队 53 人被困在航标灯下小木屋里，3 天后被救脱险。盐场海挡、堤埝受损严重，海水涌上岸达 4 小时。经济损失 50 多万元。歧口最高潮位 3.27 米（国家 85 高程上），经过分析其重现期为 70 年一遇。

1985 年 8 月 19 日，受 8509 号台风影响，唐山海域发生风暴潮，损失不详。

1992 年 9 月 1 日，受 9216 号台风北上后与北方冷空气相互作用的影响，渤海沿岸发生特大风暴潮灾害。唐山市沿海发生了有史以来的最高潮位，京唐港最高潮位 2.07 米，乐亭北港 2.42 米，大清河盐场 2.32 米，唐海县一排闸 2.62 米，南堡盐场 2.78 米，滦南北堡 3.2 米，丰南涧河闸 3.32 米，本次风暴潮造成部分地段海水越过海挡，淹没了许多养殖区。

1997 年 8 月 20 日，9711 号台风移经渤海，受其影响渤海沿岸普遍出现特大台风风暴潮灾害，唐山市乐亭北港最高潮位 2.42 米，大清河盐场 2.12 米，南堡盐场 2.57 米，十里海 2.77 米，丰南涧河闸 3.02 米（国家 85 高程）。此次风暴潮给唐山造成的直接经济损失约 0.8 亿元。乐亭县损失海挡 15 千米，虾池 1.7 万亩，391 艘船只受损；南堡盐场部分岸段海挡护坡被毁，储运码头上水；大清河盐场扬水站进水。

1999 年 11 月 14 日，受北方强冷空气影响，发生温带风暴潮，京唐港最大增水 148 厘米；最高潮位 240 厘米。

2003 年 10 月 11—12 日，受北方强冷空气影响，渤海沿岸发生了近 10 年以来最强的一次温带风暴潮。唐山市：京唐港最大增水 103 厘米，最高潮位 248 厘米；丰南区 5 000 亩虾池被冲毁，4 000 米海挡受损，5 个扬水站被淹；乐亭县 40 万笼扇贝全部被冲走；滦南县渔船受损 70 艘，网具损失 3 000 余条；养殖大棚、扬水站机房各损坏 1 座，盐业损失惨重，盐田塑毡损失 480 万片，原盐 15 万吨。11 日凌晨，唐山境内的曹妃甸岛通路工程工地出现险情，400 多名民工被困，后被全部营救出来。唐山市直接经济损失 8 000 万元。

2004 年 9 月 15 日，受台风影响，唐山沿岸发生风暴潮，京唐港最大增水 111 厘米，最高潮位 269 厘米。

2005 年 8 月，丰南沿海受风暴潮影响，有 17 户房屋进水，7 760 亩虾池被淹，直接经济损失 420 万元。

2007 年 3 月 3 日，受强冷空气影响，唐山沿岸发生风暴潮，3 月 14 日开始出现增水，4 日 4 时 21 分曹妃甸海区潮位达到最高值 316 厘米，风力达到 10 级，最高增水 80 厘米。

（三）秦皇岛市

秦皇岛地处河北省东北部，南临渤海，北依燕山，东接辽宁省葫芦岛市，西近京津，位于最具发展潜力的环渤海经济圈中心地带，是东北与华北两大经济区的结合部。秦皇岛市辖北戴河、山海关、海港区三个市辖区和抚宁、昌黎、卢龙、青龙满族自治县四个县。

1. 基础地理信息

1）沿海地形地貌及海岸带

秦皇岛市沿海地处秦皇岛市位于燕山山脉东段丘陵地区与山前平原地带，秦皇岛地形趋势是西北高、西南低，形成山地、丘陵、平原、浅海 4 个地带，呈梯形分布。北部山区位于秦皇岛市青龙满族自治县境内，海拔在 1 000 米以上的山峰有都山、祖山等 4 座。低山丘陵区主要为北部的山间丘陵区，海拔一般在 100～200 米之间，集中分布于卢龙县和抚宁县，地貌类型复杂多样，有山地、丘陵、平原、盆地等。调查区内沿海地带最高高程 496 米（角山），最低高程 1.5 米，平均高程 10 米左右。秦皇岛市海岸线呈东北—西南向弯曲延伸，长 162.7 千米，东起山海关金丝河口（张庄崔台子），西至昌黎滦河口，约占全省岸线的 33.6%。海岸砂岩相间，以砂质岸为主。

（1）砾石岸长 20.5 千米，主要分布在洋河口以东，岸线曲折，是优良的港址岸线。由于该段岸线走向多变又位于城区，受人工建筑物的影响，侵蚀变化较大。

（2）砂质岸长 105.1 千米，主要位于洋河口以西（其中河口岸段长 18.8 千米、砂岸 86.3 千米），大部分岸线平直，少数略微弯曲，海域开阔，无岛屿遮挡，但风浪小，不淤不冻，岸滩平缓，形成了坡缓、沙细、潮平的黄金海岸。沿岸分布石河、沙河、汤河、戴河、洋河、滦河等众多河流，河流含沙量低，对沿岸地貌影响小。

（3）人工建筑岸段长 37.1 千米，主要用于港口、工业和水上运动等。包括山海关区 4 千米（港口 1.3 千米，工业 2.7 千米）、海港区 33.1 千米（东港区 17.3 千米、工业岸线 2.9 千米、西港区 11.4 千米、水上运动岸线 1.5 千米）。

2）河流

主要河流有滦河、洋河、石河、戴河、汤河等。

石河：总长 67.5 千米，流量 1.68 立方米/秒，山海关老龙头注入渤海。

汤河：总长 28.5 千米，流量 0.36 立方米/秒，注入渤海。

新开河：11 千米，面积 42 平方千米，注入渤海。

戴河：总长 35 千米，流量 0.42 立方米/秒，注入渤海。

洋河：总长 100 千米，流量 1.86 立方米/秒，注入渤海。

饮马河：总长 44 千米，流量 0.71 立方米/秒，注入渤海。

滦河：河道全长 877 千米，总流域面积为 4 490 平方千米，于莲花池东南 5 千米处注入渤海。

3）水资源

流域面积大于 500 平方千米的河流 6 条，面积大于 100 平方千米的河流 23 条，面积大于 30 平方千米的河流 54 条。滦河在秦皇岛市境内流域面积 3 773.7 平方千米，地下水资源量 7.45 亿立方米，水资源总量 16.40

亿立方米（其中地表水 12.54 亿立方米，地下水 7.45 亿立方米，两者重复量 3.59 亿立方米）。兴建各类水库 283 座，总库容 14.86 亿立方米。

2. 堤防状况

1998 年 8 月至 1999 年 8 月，地点石河口至西沙河口，堤防长 4.673 千米，设计标准：50 年一遇防海潮。

2006 年 3 月至 2006 年 7 月，地点沙河口，堤防长 1.2 千米，设计标准：50 年一遇防海潮。

南戴河一小区、二小区，戴河口右侧至洋河口，1999 年开建，同年竣工。防浪堤一小区 5 900 米；二小区 5 880 米，设计潮水标准为 30 年一遇。

1998 年 10 月至 1999 年 8 月，地点王家铺村东滦河入海口，堤防长 9.1 千米，30 年一遇防海潮。

2000 年 9 月至 2001 年 4 月，地点东沙河入海口，堤防长 1.68 千米，30 年一遇防海潮。

2003 年 10 月至 2004 年 11 月，地点减河口，堤防长 4.332 千米，30 年一遇防海潮。

3. 生态状况

沿海昌黎黄金海岸国家级自然保护区位于昌黎县东部沿海，分陆域和海域两部分。陆域北界为大蒲河口南岸，南界为滦河口北岸，西界经北部沙丘的西缘，向南绕过七里海西侧，经由侯里、大滩等村东至滦河口，东界为低潮线，面积 91.5 平方千米；海域为 39°37′—39°32′N，西界为低潮线，东界为 119°37′E，面积 208.5 平方千米，总面积 300 平方千米。保护对象为沙丘、沙堤、潟湖、林带、海洋生物等构成的砂质海岸自然景观和海洋生态系统。

北戴河沿海湿地：区域范围北起海洋花园别墅，南至洋河口，东起鸽子窝，西至南戴河，面积约 7 000 公顷。因地处辽西走廊西侧，拥有森林、草甸、沼泽、水库、坑塘、河流和海滩等多样的生境类型，成为西伯利亚、中国北方与中国南部、菲律宾、澳大利亚之间候鸟迁徙的驿站，被誉为"世界四大观鸟地之一"。但随着人类开发活动影响区域的日益扩大，区域内各类湿地受到不同程度的干扰和破坏，目前，区内共有各类湿地 1 919.38 公顷，占区域面积的 27.42%，并以稻田湿地、海滩湿地、河流湿地、库塘湿地为主。为此，1990 年北戴河区人民政府在北戴河区赤土山以东、海滨林场西部的新河下游河口地区，建立了县级珍稀濒危动物自然保护区，面积 172.8 公顷，保护对象为迁徙鸟类，种类 405 种，其中包括列入《世界濒危野生物种国际贸易公约》的 14 种国家一级保护鸟类。生境类型包括海滩湿地、河流（口）湿地、沼泽与沼泽化草甸湿地和防护林等。

（四）沧州市

沧州市距北京 180 千米，距天津 120 千米。自古有水旱码头之称，京杭大运河纵贯全境。境内海岸均为泥质海岸，北起始于与天津市接壤的岐口，南止于与山东省的界河漳卫新河海丰村附近，全长 95.7 千米。

1. 基础地理信息

1）沿海地形地貌及海岸带

沧州市沿海地处华北平原东部、渤海西岸，属滨海平原，地势低平，自西南向东北微微倾入渤海。地貌分区特征主要为平原地貌和海岸地貌。

内陆地貌：由于受河流冲击，造成河湖相沉积不均及海相沉积不均，出现微型起伏不平的小地貌，即一些相对高地和相对洼地。洼地近海，海拔高程 1~5 米，黄骅市与海兴县接合部位为相对高地，海拔高程 7 米左右。

海岸地貌：是海侵又转化为海退以后逐渐形成的。属于淤积型泥质海岸，其特征是海岸平坦宽阔，上有贝壳堤、沼泽地、海滩，海拔高程在 2 米以下。

由火山碎屑构成的丘陵位于海兴县境内，其最高海拔 34.6 米。

2）河流

沧州市入海河渠包括：北排河、沧浪渠、捷地减河、老石碑河、廖家洼排水渠、南排河、新石碑河、黄浪渠、黄南排干、六十六排干、大浪淀排水渠、宣惠河、漳卫新河。

（1）北排河：北排河是在根治海河中形成的，属黑龙港流域的一部分。该河在献县枢纽工程以上与滏东排河相接，尾闾在天津市北马棚口村南入海，全长 163.4 千米。

（2）沧浪渠：起源于沧县小王庄，于歧口入海。全长68千米，汇水面积607平方千米，设计流量200立方米/秒。主要作用为排除捷地减河与北排河之间的沥水，近年来是沧州市的主要排污河。

（3）捷地减河：上起沧州南的捷地，流经沧县和黄骅，下至高尘头防潮闸入海，全长83.6千米。

（4）老石碑河：又名盘河、大头河。老石碑河是沿部分石碑河古河道开挖的排沥河道，全长45.6千米，控制流域面积101平方千米，实际过水能力39.6立方米/秒。

（5）廖家洼排水渠：是运东地区直接入海的干流之一，承担着沧县、黄骅、南大港农场的排沥任务。在黄骅市南排河镇入海，全长86千米，控制流域面积673平方千米。

（6）南排河：起源于交河县乔官屯，于南排河镇入海，全长99.4千米，汇水面积13 707千米，上游主要有老盐河、清凉江，江江河先后汇入。

（7）新石碑河：西起黄骅市大浪白村西，沿南排河河南岸至赵家堡入海，全长50千米，流域面积523.5平方千米，入海口设计流量70.2立方米/秒。

（8）黄浪渠：起源于沧县南大铺席的南运河，于黄骅市南排河镇入海。

（9）黄南排干：西起黄骅毕孟土楼村西与六十六排干相接处，于徐家堡入海，全长43千米。主要接纳排沥涝水和盐化工业废水。

（10）六十六排干：西起黄骅市六十六村北，全长54千米。主要接纳农田沥涝水。

（11）大浪淀排水渠：起源于南皮县车官屯，于大口河口入海。全长87千米，流域面积1 264平方千米。为排泄能力达135立方米/秒的骨干河道。

（12）宣惠河：上游起于吴桥县王指挥庄，下至海兴县付赵乡常庄东北入海，全长155.8千米，控制流域面积3 031平方千米，设计流量332立方米/秒。

（13）漳卫新河：原名四女寺减河，是卫运河的主要分洪河道。起自

山东武城县四女寺村，大口河口入海，全长约 256.2 千米，流域面积
37 584 平方千米。新中国成立后（1955—1973 年）先后 4 次扩大治理，将
分洪流量从 55 立方米/秒增加到 3 500 立方米/秒，在分洪排涝和蓄水灌溉
方面均发挥了显著效益。

3）水资源

沧州市多年平均降雨量（1956—2005 年）为 545.8 毫米，降水特点
表现为年内分配不均，年际变化大，80% 的降水量集中在 6—9 月。经计
算，2007 年全市自产水量 1.15 亿立方米，出境水量 0.79 亿立方米，入海
水量 1.84 亿立方米。

沧州市多年平均水资源总量为 13.6 亿立方米，其中，地下水资源量
为 7.7 亿立方米，地表水资源量为 5.9 亿立方米。

沧州市境内已建成平原水库 5 座，总库容 2.589 4 亿立方米，兴利总
库容 2.206 亿立方米。其中，大型水库 1 座，即大浪淀水库。大浪淀水库
是河北省最大的人工平原水库，位于沧州市市区南 20 千米，主要由引水、
蓄水、排水、泄水和供水五个部分组成。一期工程水库库容 1.003 亿立方
米，最终规模蓄水量可达 4.0 亿立方米；全市拥有百亩以上坑塘 58 个，
蓄水能力 0.193 3 亿立方米。另外，在地表水供水系统中，已建成引水工
程 2 处，即引黄工程和王大引水工程。

2. 堤防状况

黄骅市 1953 年开始修建海堤，从岐口（沧浪渠南岸）南至新村土海
堤。全长 87.496 千米。1998 年开始重修岐口至前徐家堡海堤 41.5 千米。
其中，混凝土堤 27 千米，河口 5 千米，土堤 9.5 千米。

2005 年渤海新区冯家堡在原土堤的基础上，对村东侧海堤进行了加
固，加固堤长 4.1 千米，堤高 6.5 米，堤顶砌石墙，高 0.5 米，标准为百
年一遇。

黄骅市 2009 年海堤加固工程，位于渤海新区冯家堡村东北，全长 945
米，结构形式为顶宽 5 米，内外边坡 1∶3，迎水面采用浆砌石护砌，堤顶
设 0.7 米高浆砌石防浪墙，墙顶高程 4.62 米，标准为 30 年一遇，估算投
资 450 万元。

海兴县 1998 年建设海堤，起止点：南起海丰村、北至海兴商业盐场；

堤防长度：12.66 千米，堤防高程为：海拔 4.12 米。

3. 生态状况

沧州市自然保护区有以下四个。

黄骅古贝壳堤省级自然保护区：1998 年 9 月 23 日经河北省人民政府批准建立的海洋自然保护区。在黄骅地区分布着与海岸线基本平行的六道古贝壳堤，是渤海湾 7000 年成陆过程中的重要产物，其发育规模、时间跨度及包含的地质古环境信息为世界所罕见，在国际第四纪地质研究中占有重要位置，在海洋遗迹中具有典型代表性和稀有性，因而具有较高的保护价值。保护区总面积为 117 公顷，其中，核心区总面积 10 公顷，缓冲区面积 35 公顷，实验区面积为 72 公顷。该保护区的核心区和缓冲区位于黄骅市沿海张巨河村和后唐村之间。

南大港湿地和鸟类自然保护区：位于沧州渤海新区南大港产业园区境内，是一个由草甸、沼泽、水体、野生动植物、人工动植物等多种生态要素组成的湿地生态系统，具有独特的自然景观。据考察，鸟类种数达 166种，其中有白鹳、黑鹳、白肩雕、丹顶鹤等国家一级保护鸟类；国家二级保护的鸟类有 21 种。核心区约 10 万亩，规划区 20 万亩。

小山火山地质遗迹保护区：2005 年 12 月经河北省人民政府批准建立。该保护区位于海兴县小山村，西距海兴县城 8.7 千米，东北至渤海新区黄骅港 25 千米，总面积 18.68 平方千米。

杨埕水库湿地：水库面积 22.5 平方千米，位于海兴县香坊乡境内，渔业资源丰富。

4. 风暴潮灾害

沧州沿海发生过的风暴潮灾害损失统计如下。

1965 年 11 月 7 日，潮头水水位 5.5 米。百余里海挡溃毁，21 个村庄被淹，房屋倒塌 238 间，114 条渔船被海潮冲丢，损失达 50 余万元。

1985 年 8 月 19 日，受 8509 号台风影响，黄骅最大增水 2.20 米，最高潮位 4.98 米。黄骅市 760 亩虾池被淹，50 亩减产，渔港码头被淹。

1992 年 9 月 1 日，特大风暴潮，受 9216 号台风北上后与北方冷空气相互作用的影响，黄骅港最大增水 2.74 米。海潮越过 55 千米长的海挡，向内陆推进了 4 千米，平均积水达 1.2 米，最深处达 1.6 米，造成 8 000

多户居民、42 家企业进水被淹，倒塌房屋 100 多间。歧口公路以东至海挡的 16 个渔村及虾池全部被海水吞没。据统计，黄骅市被海水吞没的虾池达 1.8 万亩；盐田毁坏，损失原盐 8 000 多吨。直接经济损失近亿元。

1997 年 8 月 20 日，特大风暴潮，受 9711 号台风影响渤海，黄骅港最大增水 2.45 米，最高潮位 5.95 米。沧州沿海冲毁海挡 45 千米，淹没虾池 3 万亩，损毁船只 26 条，盐场 13 个。直接经济损失达 1.7 亿元。

2003 年 10 月 11 日，受北方强冷空气影响，黄骅港最大增水 2.33 米，最高潮位 5.69 米。本次风暴潮黄骅、海兴等地潮水越过海堤缺口和海防路，侵入内地 5～10 千米，沿河道上溯 50 千米。28 个村庄大面积进水，500 户居民房屋进水，受灾人口约 15 万余人；潮水淹没范围达 190.6 平方千米；418 个涵闸被冲毁；1 310 条渔船损毁；46 个盐场被淹，5 公顷盐田受灾。直接经济损失 3.04 亿元。

2005 年 8 月 8 日，受第九号热带风暴"麦莎"影响，黄骅港海面出现 7～8 级的大风，阵风 9 级，内陆风力 5～6 级，风向为北、北偏西，海面有 3～4 米的大浪，并伴有强降水。本次风暴潮，黄骅市、海兴县等沿海县市受灾人口 6 400 人。农作物受灾面积 0.42 万公顷；海洋水产养殖损失 1 130 公顷；损毁房屋 398 间；损毁船只 4 条，损毁防潮堤 0.15 千米；损毁海洋工程闸涵 442 座，扬水站 24 座，造成直接经济损失 0.92 亿元。

2007 年 3 月 4 日，受强冷空气和黄海气旋的共同影响，黄骅港沿海海面风力达 9 级，阵风 10 级，最高潮位达到 4.65 米（警戒水位 4.8 米）。受此次风暴潮影响，神华港部分设施受损严重，二期码头北端防浪墙被摧毁 50 米，受损达 500 米；南疏港路被大浪冲毁 1 千米，经济损失 200 余万元。

2008 年 4 月 15 日凌晨 1：50，沧州海域出现大风 11 级，阵风 12 级，由于大风影响引起风暴潮潮害，在 6 时 23 分高潮潮位 5.14 米，超警戒水位 0.34 米。南疏港路附近东段原神华北堤被浪打坏 15 米；3 500 米横堤被冲毁了近 500 米，另有 15 条施工船被搁浅堤坝上，1 000 吨级码头南侧养殖围堤损坏多段，约 400 米，电厂进港公路两条千吨级货船搁浅在公路南侧，3000 吨级码头的千吨货船搁浅在滩涂上 3 条，养殖区部分堤坝冲毁。此次风暴潮过程，堤坝损毁造成损失约 3 000 万元，养殖区损失约

3 000万元，船只损失 1 000 万元，共计 7 000 万元。

二、海平面上升风险评估及区划

与全国的风险评估不同，对于诸如渤海湾沿岸这类海平面上升影响的重点地区的评估应更加精细化，以沿海县（县级市、市辖区）为评估单元分别评估它们的危险性、暴露性、脆弱性和防灾减灾能力，同时为了与渤海湾沿岸地区的具体状况相适应，这里我们重新设置了风险评估的指标和权重以及评估数据的定量化标准。

（一）评估单元的选取

为了突出海平面上升影响评估的实用性和可操作性，结合渤海西部地区的行政布局、沿海地区分布和信息采集的可靠性，将渤海西部沿海地区按照区县级行政单元划分为 12 个评估单元（表 6-4）。这样划分的优点在于：适应当前我国以行政区为单位的管理特点；许多评估数据，特别是社会、经济的统计数据有可靠的数据来源，便于进行信息汇聚和分析评估；制定防灾减灾应对策略时更具有针对性和可实施性，如规划、组织生产、抗灾、救灾、投资和工程设计等。

表 6-4　渤海湾沿海地区风险评估单元划分

沿海地区	沿海城市	评估单元
天津市	天津市	滨海新区
河北省	唐山市	丰南区
		滦南县
		乐亭县
		唐海县
	秦皇岛市	海港区
		山海关区
		北戴河区
		昌黎县
		抚宁县
	沧州市	海兴县
		黄骅市

（二）风险指标体系

根据第四章的海平面上升风险概念框架，综合考虑指标体系确定的目的性、系统性、科学性、可比性和可操作性原则，结合渤海湾沿海地区各评估单元的实际情况和资料获取的难易程度，确定海平面上升风险指标体系，分为因子层、副因子层和指标层，并选取了 11 个指标用来描述海平面上升风险（表6-5）。

表6-5 渤海湾地区海平面上升风险评估指标体系

因子层	副因子层	指标层
危险性（H）	海平面变化	H1：上升速率（毫米/年）
		H2：2050 年上升幅度（毫米）
	地形	H3：地面高程（米）
		H4：岸线长度（千米）
	潮位水位	H5：最高高潮位（厘米）
暴露性（E）	人口暴露性	E1：居民总数（万人）
	经济暴露性	E2：GDP（亿元）
脆弱性（V）	人口脆弱性	V1：人口密度（人/千米^2）
	经济脆弱性	V2：单位平方千米 GDP（万元/千米^2）
防灾减灾能力（R）	人力资源	R1：从业人口比例（%）
	减灾投入	R2：地方财政收入（亿元）

1. 危险性指标分析

海平面变化特征分别选取海平面上升速率和到 2050 年海平面上升幅度来表征过去和未来评估区相对海平面变化状况，海平面上升的速率越大、幅度越大，则危险性越大。选用评估平均地面高程和海岸线长度来表征地形因素的影响，高程越低、岸线越长，则评估区面临海平面上升的危险性越大。海平面上升加剧了风暴潮、海浪等海洋灾害的致灾程度，选用相对于当地平均海平面的历史最高高潮位表征潮位水位状况，最高高潮位越高，危险性越大。

2. 暴露性指标分析

选用评估区总人口数表征人口的暴露性，选用评估区地区生产总值

（GDP）表征经济的暴露性，人口越多，GDP越高，则该地区暴露在海平面上升危险因子的人和财产越多，可能遭受潜在损失就越大，海平面上升风险越大。

3. 脆弱性指标分析

选用评估区人口密度表征人口脆弱性，选用单位平方千米GDP表征经济脆弱性，人口密度越大，单位GDP越高，则受灾财产价值密度越高，海平面上升危险因素可能造成的伤害或潜在损失程度就越大，海平面上升风险越大。

4. 防灾减灾能力指标分析

选用从业人口比例表征抗灾人力资源情况，从业人口比例越高，防灾减灾中能够调动的人员就越多，防灾减灾能力越高。选用地方财政一般预算收入表征减灾财力投入，地方税收越高，可以用于防灾减灾的资金越多，防灾减灾能力也越高，可能遭受潜在损失越小，海平面上升风险越小。

5. 各指标计算方法

上升速率（H1）：根据沿海地区海平面监测站观测数据计算得到的相对海平面上升速率（毫米/年）。

上升幅度（H2）：以沿海地区海平面监测站观测数据为基础，运用随机动态统计分析方法计算得到的2050年海平面上升幅度预测值（毫米）。

地面高程（H3）：评估区的平均海拔高度（米）。

岸线长度（H4）：评估区海岸线总长度（千米）。

最高高潮位（H5）：相对于当地平均海平面的最高高潮位观测值（厘米）。

居民总数（E1）：评估区人口总数（万人）。

GDP（E2）：评估区地区生产总值（亿元）。

人口密度（V1）：评估区居民总数/评估区总面积（人/千米^2）。

单位平方千米GDP（V2）：评估区地区生产总值/评估区总面积（万元/千米^2）。

从业人口比例（R1）：评估区从业人口/评估区人口总数（%）。

地方财政收入（R2）：评估区地方财政一般预算收入（亿元）。

（三）指标数据及其定量化

由于各指标的单位和量级不同，为了合理和方便计算，采用分级赋值法将指标进行量化，建立指标定量化标准（表6-6）。

表6-6　渤海湾地区海平面上升风险评估指标的定量化基准及量化值

评估指标	量化基准	量化值	评估指标	量化基准	量化值
上升速率（毫米/年）	>3.0	5	2050年上升幅度（毫米）	>300	5
	2.5~3.0	4		250~300	4
	2.0~2.5	3		200~250	3
	1.0~2.0	2		150~200	2
	<1.0	1		<150	1
地面高程（米）	<2	5	岸线长度（千米）	>100	5
	2~5	4		50~100	4
	5~10	3		30~50	3
	10~20	2		20~30	2
	>20	1		<20	1
历史最高高潮位（厘米）	>300	5	居民总数（万人）	>100	5
	250~300	4		50~100	4
	200~250	3		30~50	3
	150~200	2		20~30	2
	<150	1		<20	1
GDP（亿元）	>500	5	人口密度（人/千米²）	>2 000	5
	300~500	4		1 000~2 000	4
	200~300	3		500~1 000	3
	100~200	2		200~300	2
	<100	1		<200	1
单位平方千米GDP（万元/千米²）	>5 000	5	从业人口比例（%）	>70	5
	3 000~5 000	4		60~70	4
	1 000~3 000	3		50~60	3
	500~1 000	2		40~50	2
	<500	1		<40	1
地方财政一般预算收入（亿元）	>10	5			
	5~10	4			
	3~5	3			
	1~3	2			
	<1	1			

根据海洋台站观测资料、2009 年河北省统计年鉴、2009 年各地方的政府工作报告、地方政府相关网站、实地调查等获得各评估单元的各项评估指标数据，见表 6-7。按照风险评估指标的定量化标准，将各项指标定量化，量化结果见表 6-8。

（四）指标权重计算

由于各项指标的特征和影响程度不同，利用第四章介绍的 AHP 方法计算各评估指标的权重系数。指标权重的计算按照因子层和指标层分两级进行。

对因子层中危险性（H）、暴露性（E）、脆弱性（V）和防灾减灾能力（R）4 个因子的权重计算，设置判断矩阵（表 6-9）。

利用和积法计算判断矩阵最大特征根 λ_{max} 及其对应特征向量 W 得到：$\lambda_{max} = 4.117$，$W = $（0.49，0.18，0.25，0.08）。对判断矩阵的一致性检验，计算得到一致性指标 $CI = 0.039$，一致性比例 $CR = 0.043 < 0.1$，符合一致性检验，判断矩阵的一致性是可以接受的，因此特征向量 W 可以作为各因子的权重系数使用（表 6-10）。

同理，对于指标层中危险性的上升速率（H1）、上升幅度（H2）、地面高程（H3）、岸线长度（H4）和历史最高高潮位（H5）5 个指标权重，设置其判断矩阵见表 6-11，计算得到其权重系数见表 6-12。

对于暴露性指标的权重系数，由于两个指标即居民总数（E1）和 GDP（E2）同等重要，因此将它们的权重系数都设置为 0.5。

对于脆弱性指标的权重系数，由于两个指标即人口密度（V1）和单位平方千米 GDP（V2）同等重要，因此将它们的权重系数都设置为 0.5。

对于防灾减灾能力指标的权重系数，考虑到中国的实际情况财力状况要比人力状况起到的作用相对大一些，所以设定从业人口比例（R1）和地方财政收入（R2）的权重系数分别为 0.4 和 0.6。

综合以上结果，获得渤海湾地区海平面上升风险评估指标体系的各层次因子（指标）的权重系数，如图 6-1 所示。

表6-7　风险评估数据统计

指标	秦皇岛市					唐山市				天津市	沧州市	
	海港区	山海关区	北戴河区	昌黎县	抚宁县	丰南区	滦南县	乐亭县	唐海县	滨海新区	海兴县	黄骅市
上升速率(毫米/年)	0.25	0.25	0.25	0.25	0.25	1.49	1.49	1.49	1.49	2.78	2.78	2.78
上升幅度(毫米)	145.00	145.00	145.00	145.00	145.00	248.00	248.00	248.00	248.00	350.00	350.00	350.00
地面高程(米)	1250	1.20	20	10	10	4.28	5~25	2.5 (1~15)	10	1	4.35	1~5
岸线长度(千米)	29.00	14.70	21.10	52.10	17.10	21.09	75.00	124.90	14.68	153.00	18.50	65.80
历史最高高潮位(厘米)	162.00	171.00	148.00	150.00	148.00	240.00	240.00	193.00	242.00	313.00	312.00	312.00
居民总数(万人)	54.39	13.80	7.12	55.40	52.40	51.38	58.19	49.70	14.20	202.88	22.60	43.30
GDP(亿元)	333.60	29.32	22.50	104.03	119.61	322.00	225.29	202.56	55.50	3102.24	18.22	124.52
人口密度(人/千米²)	2657.06	718.75	1015.11	456.94	323.90	327.68	458.19	350.74	193.94	893.74	245.76	280.31
单位平方公里GDP(万元/千米²)	16297.02	1526.84	3207.87	858.05	739.34	2053.57	1773.94	1429.50	757.99	13666.26	198.13	806.11
从业人口比例(%)	52.14	46.77	43.54	54.59	52.40	61.31	54.41	56.55	79.56	29.85	51.08	46.23
地方财政一般预算收入(亿元)	5.34	1.21	2.30	3.13	4.00	8.14	3.85	3.54	3.02	30.00	0.59	4.40

表 6-8 风险评估指标等级划分结果

指标	秦皇岛市					唐山市				天津市	沧州市	
	海港区	山海关区	北戴河区	昌黎县	抚宁县	丰南区	滦南县	乐亭县	唐海县	滨海新区	海兴县	黄骅市
上升速率	1	1	1	1	1	2	2	2	2	4	4	4
上升幅度（毫米）	1	1	1	1	1	3	3	3	3	5	5	5
地面高程（米）	1	4	2	3	3	4	3	4	3	5	4	4
岸线长度（千米）	2	1	2	4	1	2	4	5	1	5	1	4
历史最高高潮位（厘米）	2	2	1	1	1	3	3	2	3	5	5	5
居民总数（万人）	4	1	1	4	4	4	4	3	1	5	2	3
GDP（亿元）	4	1	1	2	2	4	3	3	1	5	1	2
人口密度（人/千米²）	5	3	4	2	2	2	2	2	1	3	2	2
单位平方千米 GDP（万元/千米²）	5	3	3	2	2	3	3	3	2	5	1	2
从业人口比例（%）	3	2	2	3	3	4	3	3	5	1	3	2
地方财政一般预算收入（亿元）	4	2	2	3	3	4	3	3	3	5	1	3

表 6 – 9　因子层权重计算的判断矩阵

a_{ij}	H	E	V	R
H	1	3	3	4
E	1/3	1	1/2	3
V	1/3	2	1	4
R	1/4	1/3	1/4	1

表 6 – 10　因子层各因子的权重系数

指标	H	E	V	R
权重	0.49	0.18	0.25	0.08

表 6 – 11　危险性指标权重计算的判断矩阵

指标	H1	H2	H3	H4	H5
H1	1	1	1/2	1/2	2
H2	1	1	2	1	2
H3	2	1/2	1	1/2	3
H4	2	1	2	1	3
H5	1/2	1/2	1/3	1/3	1

表 6 – 12　危险性各指标的权重系数

指标	H1	H2	H3	H4	H5
权重	0.16	0.24	0.21	0.29	0.10

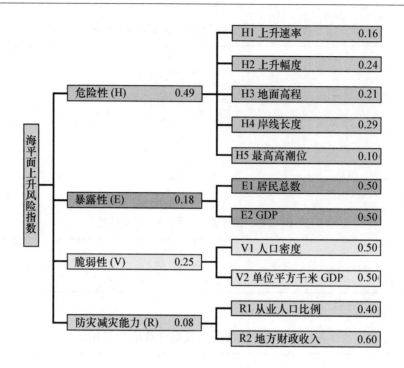

图 6-1　评估指标权重系数

（五）危险性评估

将各评估区的海平面上升速率、2050 年海平面上升幅度、地面高程、岸线长度和最高高潮位 5 个危险性指标量化值及其权重系数代入危险性评估模型中，计算得到各评估区的危险性（H）指数值，见表 6-13 和图 6-2。

表 6-13　评估区海平面上升危险性指数

评估区	海港区	山海关区	北戴河区	昌黎县	抚宁县	丰南区	滦南县	乐亭县	唐海县	滨海新区	海兴县	黄骅市
H	1.39	1.73	1.5	2.29	1.42	2.76	3.13	3.53	2.26	4.84	3.47	4.34

从评估结果来看，滨海新区和黄骅市的海平面上升危险性最大，主要由于这些地区属于淤积平原，地势较低，且其海平面上升程度高、岸线长、潮差大，极易受到海平面上升的直接影响；海兴县的海平面上升程度

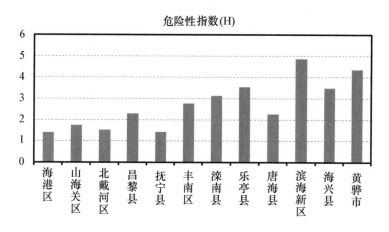

图6-2　各评估区危险性指数示意图

高、潮差大、地面高程较低，但其海岸线较短，综合几项指标海兴县的危险性要低于滨海新区和黄骅市，但仍然相对较高；乐亭县、滦南县丰南区的地面高程较低、岸线相对较长，虽然海平面的上升状况不是特别明显，但综合考虑也面临海面上升的直接威胁，其危险性也相对较高；其他的如海港区、山海关区、北戴河区昌黎县、抚宁县、唐海县，它们或是海平面上升程度较低，或是岸线太短，或是高程相对较高，所以综合评估它们的危险性相对较低。

（六）暴露性评估

将各评估区的暴露性指标居民总数和GDP的量化值以及权重系数代入暴露性评估模型，计算得到各评估区的暴露性（E）指数，见表6-14和图6-3。

表6-14　评估区海平面上升暴露性指数

评估区	海港区	山海关区	北戴河区	昌黎县	抚宁县	丰南区	滦南县	乐亭县	唐海县	滨海新区	海兴县	黄骅市
E	4.00	1.00	1.00	3.00	3.00	4.00	3.50	3.00	1.00	5.00	1.50	2.50

从经济和人口的暴露程度分析，天津滨海新区、秦皇岛海港区、唐山丰南区都是工业较发达的地区，人口多、地区生产总值高，其暴露在海平

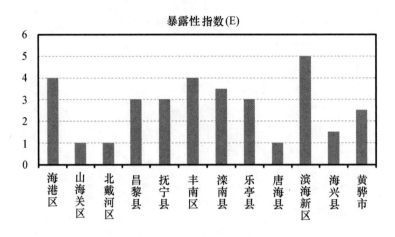

图 6 - 3 各评估区暴露性指数示意图

面上升风险下的程度较高；滦南县、昌黎县、抚宁县乐亭县以及黄骅市，其辖区内的居民数量较多，但这些地区的经济不够发达，暴露性程度稍低些；山海关区、北戴河区、唐海县和海兴县的人口总数少，经济不发达，它们的暴露性程度较低。

（七）脆弱性评估

将各评估区的脆弱性指标人口密度和单位面积 GDP 的量化值以及权重系数代入脆弱性评估模型，计算得到各评估区的脆弱性（V）指数，见表 6 - 15 和图 6 - 4。

表 6 - 15 评估区海平面上升脆弱性指数

评估区	海港区	山海关区	北戴河区	昌黎县	抚宁县	丰南区	滦南县	乐亭县	唐海县	滨海新区	海兴县	黄骅市
V	5.00	3.00	3.50	2.00	2.00	2.50	2.50	2.50	1.50	4.00	1.50	2.00

从经济和人口的脆弱程度评估，海港区的人口密度和单位面积的 GDP 都比较大，其脆弱性最高；滨海新区的单位面积 GDP 较大，人口总数较多但人口密度不大，所以其脆弱性次之；北戴河区和山海关区的人口总数和 GDP 总量虽然较低，但辖区面积小，使其人口密度和单位面积 GDP 相对较大，导致它们的脆弱程度相对较高；丰南区、滦南县、乐亭县、昌黎

县、抚宁县、唐海县和海兴县的人口密度和单位面积 GDP 都不高，它们的脆弱性程度也相对较低。

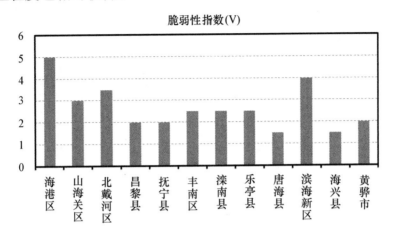

图 6 – 4　各评估区脆弱性指数示意图

（八）防灾减灾能力评估

将各评估区的防灾减灾能力指标从业人口比例和地方财政一般预算收入的量化值以及权重系数代入防灾减灾能力评估模型，计算得到各评估区的防灾减灾能力（R）指数，见表 6 – 16 和图 6 – 5。

表 6 – 16　评估区海平面上升防灾减灾能力指数

评估区	海港区	山海关区	北戴河区	昌黎县	抚宁县	丰南区	滦南县	乐亭县	唐海县	滨海新区	海兴县	黄骅市
R	3.60	2.00	2.00	3.00	3.00	4.00	3.00	3.00	3.80	3.40	1.80	2.60

从人力和财力两个方面评估各评估区的防灾减灾能力，丰南区、唐海县、海港区的从业人口比例和财政收入都相对较高，它们的防灾减灾能力较强；滨海新区的财政收入很高，但从业人口的比例非常低，导致其防灾减灾能力有所降低；昌黎县、抚宁县、滦南县、乐亭县和黄骅市的从业人口比例和财政收入都处于中等水平，它们的防灾减灾能力相对较强；山海关区、北戴河区、海兴县的从业人口比例和财政收入都不高，它们的防灾减灾能力相对较弱。

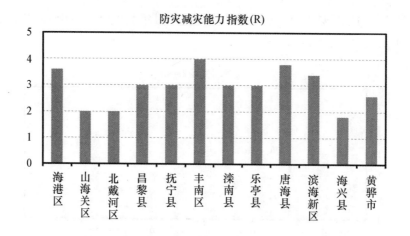

图 6 – 5　各评估区防灾减灾能力指数示意图

（九）海平面上升风险评估

　　根据已建立的风险评估模型和计算方法，计算中国沿海地区各风险区的海平面上升风险值。综合各评估区的危险性、暴露性、脆弱性和防灾减灾能力评估结论，将各评估区的危险性指数值、暴露性指数值、脆弱性指数值和防灾减灾能力指数值和权重系数代入到海平面上升的风险指数计算模型中，获得各评估区的海平面上升风险指数（$SLRI$），见表 6 – 17 和图 6 – 6。

表 6 – 17　评估区海平面上升风险指数

评估区	海港区	山海关区	北戴河区	昌黎县	抚宁县	丰南区	滦南县	乐亭县	唐海县	滨海新区	海兴县	黄骅市
$SLRI$	1.07	0.84	0.81	1.04	0.82	1.25	1.32	1.36	0.78	1.95	1.07	1.38

　　从评估结果来看，天津滨海新区的风险指数达到 1.95，这主要是因为该评估区的危险性指数、暴露性指数和脆弱性指数都是最高的，而它的防灾减灾能力指数只排在第 4 位，综合起来看其潜在的海平面上升风险程度最高；其他评估区或是危险程度较高如黄骅市、乐亭县、滦南县、丰南区、海兴县等，或是暴露程度较高如海港区、丰南区、滦南县等，或是脆弱程度较高如海港区、北戴河区、山海关区等，导致它们可

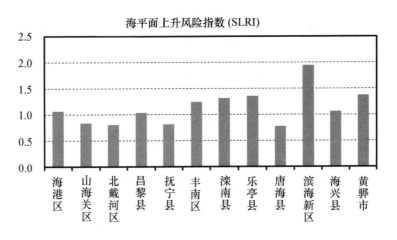

图6-6　各评估区风险指数示意图

能面临的海平面上升风险相对较高；其中丰南区、海港区的防灾减灾能力较强，抵消了一部分其他因子的影响，风险程度有所下降；唐海县的危险性、暴露性、脆弱性程度不高，且防灾减灾能力较强，所以其海平面上升风险最低（图6-7）。

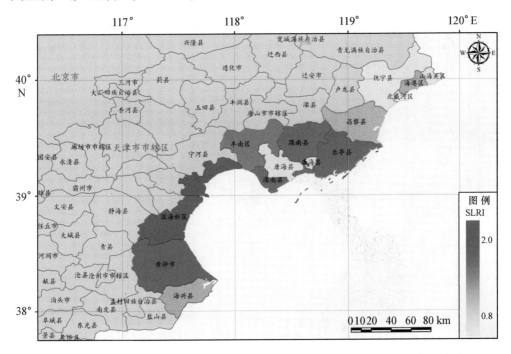

图6-7　各评估区风险评估

（十）风险区划

为了沿海各级政府科学应对海平面上升可能带来的影响，按照风险评估指数的大小，将各评估区划分为微度风险、轻度风险、中度风险和重度风险等4个等级，划分标准参照表6-18。

表6-18 渤海湾沿海地区海平面上升风险等级划分

风险值	>1.5	1.2~1.5	0.9~1.2	<0.9
风险等级	重度风险	中度风险	轻度风险	微度风险

划分结果表明：天津滨海新区属于海平面上升重度风险，黄骅市、乐亭县、滦南县、丰南区为中度风险，海港区、海兴县、昌黎县为轻度风险，山海关区、北戴河区、抚宁县、唐海县为微度风险，见图6-8和表6-19。

渤海湾地区海平面上升风险区划见图6-8。

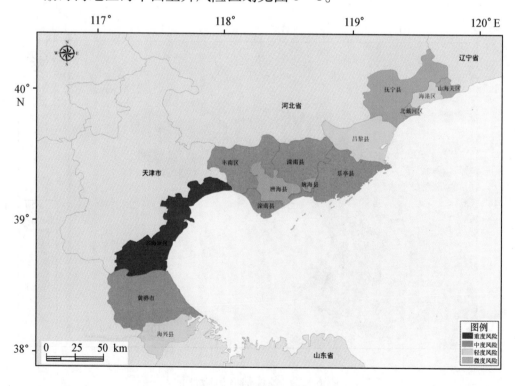

图6-8 渤海湾地区海平面上升风险区划

表 6 – 19　评估区海平面上升风险等级划分

评估区	等级
海港区	轻度风险
山海关区	微度风险
北戴河区	微度风险
昌黎县	轻度风险
抚宁县	微度风险
丰南区	中度风险
滦南县	中度风险
乐亭县	中度风险
唐海县	微度风险
滨海新区	重度风险
海兴县	轻度风险
黄骅市	中度风险

根据渤海湾沿海地区风险区划结果，沿海地方政府应根据不同的风险等级采取相应的处置和应对方式。天津滨海新区为重度风险的地区，需要引起行政关注，并立即采取必要措施，在海岸带开发建设时充分考虑海平面上升的影响，进一步进行调查分析和开展海岸带脆弱性评估；黄骅市、乐亭县、滦南县、丰南区等中度风险的地区，需要政府管理者关注，在海岸带开发建设时考虑海平面上升的影响，可根据实际需求进一步调查分析和评估海岸带脆弱性；对于海港区、海兴县、昌黎县等轻度风险的地区，必须要明确风险管理职责，可根据需要采取必要的应对措施；对于山海关区、北戴河区、抚宁县、唐海县等微度风险的地区可以暂不需要采取行动，按常规管理程序处理。

第三部分　海平面上升风险管理

第七章　海平面上升的适应性管理

沿海地区是我国经济发达、高速发展的地区，海平面缓慢而持续上升，影响到经济建设的各个方面，即将成为这些地区经济、社会发展的制约因素之一。因此，既需要有长远规划和打算，又需要及早采取措施，消除不利影响，以达到我国沿海地区经济持续、和谐发展的目的。

一、海平面上升适应对策选择

为了适应因气候变暖引起的全球海平面上升对我国沿海脆弱区带来的严重威胁以及对环境和社会经济的影响，保护人民的生命、财产安全，尤其是人口密集的经济发达区，需要政府决策部门尽早考虑这一严峻形势，作出针对性强的适应对策选择，以保证我国沿海地区经济的稳定持续发展。

（一）适应对策选择的方向

1. 适应对策要能够产生直接的正面效益

很多沿海海平面上升影响的脆弱区同时也面临着人口增加、经济高速发展、土地资源不足的压力。应选择能够减少资源压力、改进环境风险管理、增强适应能力、减少海平面上升带来的压力的适应对策。在设计和执行发展行动方案时，应考虑海平面上升的因素，以达到增强经济和社会的持续发展能力，促进经济和社会的和谐稳定，实现可持续发展的目的。

2. 适应对策要综合考虑成本与效益

深入认识沿海脆弱性区和海平面上升影响的关键问题。尽管适应成本与效益分析具有一定难度，主要是因为在多数情况下，难以区分人为活动引起的影响和自然变化造成的影响。要深入研究以提高未来评估能力和尽可能减少不确定性，确保政策制定者可以获得足够的信息以应对可能的后果，为了缩小目前认识与政策制定者需求之间的距离，最需要优先研究的领域主要如下。

（1）人类对海平面上升的敏感程度、适应能力和脆弱性的定量评估，重点是海平面变化的范围、变化频率和极端海洋事件的严重程度。

（2）评估海平面上升和其他触发因素引起的突发事件的影响范围。

（3）研究各种适应对策，估计各种适应办法的有效性和成本，确定不同地区和不同人群中可能的适应方法和困难的差异之所在。

（4）评估海平面上升的潜在影响，受影响的人口、土地面积影响、濒危物种、不同温室气体排放情景和其他政策情景的影响。

（5）综合评价，重点包括对自然和人类系统及不同政策结果的相互作用的估计。

（6）评价在政策决策过程中、风险管理中和可持续发展动议中包含影响、脆弱性和适应性等科学信息的机会。

（7）改善长期监测，研究海平面上升和其他威胁对人类和自然环境影响的过程和应对措施。

3. 适应对策要考虑非持续性资源利用可能增加的脆弱性

海平面上升和更频繁严重的风暴潮灾害，加剧了沿海土地的侵蚀和盐渍化、滩涂荒芜等，造成可用土地减少。由此产生的破坏在某些情况下能使多年的发展工作付诸东流，那些处于不稳定区域，如洪积平原、障碍性海滩、低地沿海以及毁林的陡坡等，影响则更加明显。

适应对策应包括海平面上升可能影响到的一些敏感资源，如基础设施、公共机构、人力资本等方面的投入，以及水资源、农业土地和滨海湿地等。分析表明，适应对策和措施完成的弹性较大，在某些情况下，适度增加投入会使相关对策措施在一系列的海平面上升条件下都能很好地得到完成；而且，由于目前海平面上升产生的风险较大，较大的弹性会带来直接的价值。

（二）适应对策选择的基本方式

对于气候变暖引起的全球海平面上升问题，以及具体到某一区域的相对海平面上升问题，皆需要有一个全球性的科学基础，牢靠的对策方案，以及控制和减小相对海平面上升的预警系统及防治对策。适应气候变化战略措施主要分为后退、顺应和防护三种，选择哪一种战略措施，可根据当地实际情况，综合分析而定。

1. 后退措施

海岸带被放弃，生态系统向陆地转移的方式谓之后退，即离开将受海水淹没的地区。后退措施是对可能因海平面升高造成灾害的灾区，不需作出任何防灾努力，放弃容易受海水淹没的土地、盐田和基础设施等海岸带，使灾区居民迁移到安全地带定居。

选择后退措施的理由是采取保护措施的经济代价或环境代价过大，对海平面上升不需作任何努力来保护土地不被海水淹没。后退的选择应根据当地自然、社会经济和环境等因素的综合考虑慎重选择。因为沿海某一处的居民区，甚至一个行政基层单位的搬迁，可能产生重大的财政和社会影响，最大影响是使居民失去利用原来海岸带资源的机会，另谋生路。

一旦确定选择后退措施，在拟后退的地区及相关地带，应依法禁止进行开发建设，或有条件地进行开发建设。若一定要开发建设，其前提条件是，必要时必须放弃。对无理、非法强行进行开发建设的单位和个人，政府应依法制止。有条件的地区应对拟采取后退措施的海岸带财产的拥有者予以经济补偿。

2. 顺应措施

即将建筑物加高或加上支架，免受海平面上升淹没。继续利用处境危险的土地，顺应海平面上升，宜农则农，宜渔则渔，宜养则养。种植耐海水或者耐涝的农作物，或从事渔业和养殖业。在某些经济发展较差的沿海地区，暂时采取顺应的对策是可行的。

顺应措施虽然不采取任何尝试来保护处境危险海岸带的土地、基础设施等财产，但采取措施使这个地区在海平面升高一定范围内，仍然继续适于居住。具体措施不是建设防止海水淹没的设施，而是制定并实施防灾、减灾计划，用木桩将房屋架高，改进排水系统，将农田改作水产养殖场，改种耐涝耐海水的农作物等。顺应措施与海岸带管理、防灾减灾方案、土地利用计划和可持续发展战略有机结合实施，将会更加有效。

3. 防护措施

沿岸建设防潮海堤、防洪堤坝、防潮海挡和防洪墙等硬结构设施或利用沙丘和植被等软结构以保护土地不被海水淹没，使现有的土地可以继续使用。这种防护措施主要是要保护人口稠密和社会经济发达的城镇和地区。

防护措施的选择因地而异，具体措施主要包括建设处境危险海岸防潮海堤；在沿海公路、港口和海岸工程设计中，将海平面升高因素纳入发展规划；利用沙丘、植被等保护沿岸湿地、河口和洪积平原，减缓海洋灾害，让处境危险的土地、基础设施等可以继续使用。

防护措施有建造坚硬建筑物和建造软性建筑物。建造坚硬建筑物方面主要是指加高加固海堤和修筑防浪堤，其投资高，建后难以更改，更使海滩面积减少，并且常会对下游的海岸侵蚀产生不利影响。但在现代经济发达的三角洲地区，这也是防护海平面上升的最好对策。软性建筑物主要有人工沙丘、种植物、人工海滩等。现在已知最好的海岸防护措施是使海岸尽可能恢复原来的自然状态，使海岸带的自然过程持续如常，不受人为妨碍。人工海滩就是再现自然界自己原来过程的一种海岸防护措施，适用于已经开发的海岸。

上述三种措施无论选择哪一种措施都会对环境、经济、社会、文化、法律法规和技术等方面产生不同程度的影响，应根据各地区的实际情况进行选择。一般情况下，沿海地区大多是属于人口密集、经济发达的地区，选择防护措施较为适宜，但其费用较高。

以黄河三角洲地区海岸防护工程为例，其防护工程建设可以追溯到20世纪50年代的防潮体系。但是，这个代价巨大的防潮体系并没有扼制住100米/年的蚀退速度，现在它已完全瘫痪。随着胜利油田和东营市的建设，黄河三角洲海岸防护变得越来越重要，为此陆续修建了大量石块混凝土结构的混合式防潮堤岸。几年来，修建了海堤的区段海岸蚀退虽暂时被遏制，却使本来就结构松散的海滩遭到了破坏，下蚀速度明显增大，部分地段在堤脚下形成了很深的回水沟，直接危及大坝的安全。因此，这些护岸堤坝需要不断投入大量的人力、物力进行维护。从经济角度讲，作为冲积平原的黄河三角洲石料奇缺，大堤修建、维护用石是从数百千米外运来的，费用很大。从安全角度看，修修补补不能从根本上改善大坝的结构，随着工程的老化，成灾隐患将越来越大。因而从长远来看，单靠这一耗资巨大的海岸防护工程来保证胜利油田及东营市的工农业生产及居民生活安全，无论从安全角度，还是从经济角度上讲都存在缺陷，不是最佳的选择方案。

（三）常用措施

根据我国海岸线漫长、三角洲和滨海平原分布较广、沿海经济发达且人口密集、海洋灾害频繁等特点，我国大部分重要沿海地区均选择了防护的适应对策。因为目前沿海的防潮设施建设已有良好的基础，只需进行加高、加固和部分地区新建即可逐步达标，实施有效防护。若采取后退或顺应的适应对策将会带来许多难以解决的社会经济问题。主要的防护对策如下。

1. 加强沿海防潮工程的建设，提高防护堤坝的设计标准

兴建海岸防护工程，以有效地防御海岸侵蚀、风暴潮、洪涝等灾害的袭击。根据目前防潮设施情况看，中国沿海三大主要脆弱区，长江三角洲及江苏和浙北沿岸的防潮能力较强，珠江三角洲地区次之，黄河三角洲及渤海湾和莱州湾沿岸较差。由于海平面不断上升，现有防潮设施的标准不断降低，因此，应注意修订防护堤坝的设计标准。

2. 提高沿海重点经济区市政工程的设计标高

海平面上升过程虽然缓慢，但其持续上升的后果，绝不能低估，绝不能忽视。因此，在沿海重点经济发展区内城镇建设必须考虑修正其设计标高。如珠江三角洲的广州、中山、珠海等城市，长江三角洲的上海市，渤海湾的天津市，都应在市政建设的设计高程上予以提高。新经济开发区的选址要尽可能选择在高地。环保设施和排水工程都要考虑海平面上升的影响。

3. 严格控制地面沉降，开辟新水源

我国沿海脆弱区的天津塘沽和上海吴淞等地，由于经济发展的需要长期超采地下水，出现了严重的地面沉降问题。虽然两直辖市的政府部门在

控制地面沉降方面已取得了一定的经验，但在经济快速发展而地表水源不足的压力下，严格控制开采地下水的任务是十分艰巨的。应通过多种渠道开辟新水源，并加强污水处理和一水多用的有效措施。

4. 加快深水港的建设，提高港口建设的防潮设计标准

由于海平面上升、地面沉降，使长江三角洲地区的上海黄浦江老港区受到威胁，面临浦东经济迅猛发展的压力，应加快长江深水港的建设。为适应华北地区和天津市经济快速发展的需要，应提高塘沽新港码头防潮设施的设计标准，建议增加新港地区码头和建筑物标高，以确保塘沽新港的吞吐能力。

5. 加强沿海地区的海平面变化及其影响因素的监测

影响我国沿海相对海平面上升的主要因素有沿海地壳垂直运动、地面沉降、风暴潮侵袭、河道淤积、地基软化和海岸侵蚀等，因此开展对它们的长期连续监测是非常重要的。由于各地海平面上升的速度不同，自然环境和经济发展情况各异，适应海平面上升的影响，必须根据各地可能发生的具体情况和影响，制定对策措施。因此，必须加强对各地的潮位观测、地壳形变的长期观测，以及海洋水文、海滩动态监测，并建立相应的监测、预报系统。目前，急需对我国沿海现有监测系统进行技术改造，以提高其观测精度。同时，需要开展跨部门的技术合作、资料交换、协同攻关，才能达到对海平面上升进行有效监控的目的。

6. 修订规划和有关环境建设标准，落实海岸带的管理和保护职责

沿海地区特别是经济发达地区，要把适应全球气候变暖和海平面上升的影响问题纳入发展规划，要按适应对策调整经济发展布局、区域发展计划、土地利用规划，限制海岸带人口增长和向海岸带迁移人口等。同时，要考虑未来海平面上升可能产生的影响，如淡水供给减少、河床淤积和航道受阻等，对现行的环境、建设标准等进行修订。组织落实对海岸带的管理和保护职责，是各种政策和措施实施的保证，否则提出的适应对策和保护措施再好，也可能会变成空话。沿海地区要把海岸带管理和保护的职责落实到相应的政府机构，并加强监督和检查。

二、我国沿海地区历史适应对策

我国已在应对气候变化和海平面上升方面采取了一些适应措施，下面

列举部分已经产生积极效果的事例，为制定未来适应对策提供参考。

（一）生物护岸措施

海浪对海岸的冲击是永不停息的，无论怎样坚固的大堤都只能是在海浪的冲击下逐渐损毁，因而需要对其进行不断的维护和保养。生态工程则不同，它具有自组织的特点，一旦生态防护工程建成，它就可以利用自身独特的光能驱动和物质再生性质与环境进行抗争，依靠在潮滩或水下栽种或培育某种植物，以达到消能并防止侵蚀的作用。因而，生态防护工程具有成本低、使用寿命长以及优化区域环境等特点。上海市水利部门曾在潮滩上种植芦苇，当其发展成为群落后，能有效地消减到达岸边的波浪。

自20世纪60年代以来，南京大学的仲崇信教授等在江苏等淤泥质海岸引种的互花米草有效地减轻了滩面的侵蚀，也达到良好的效果。在黄河三角洲海滩建设米草生态防护工程，防治海岸蚀退，米草生态防护工程具有促淤、保滩、防浪、护堤的作用。黄河三角洲胜利油田的桩104、桩12、桩303海域试验性种植互花米草，90年代最高处已淤高约0.5米，总淤积面积近10万立方米，且该淤积部分经过1997年风暴潮的袭击，其损失最小。在实际应用中，将米草生态工程与海岸防潮大堤等工程防护系统结合使用可以延长这些传统工程的服务年限，增加安全系数，降低工程维护费用，具有很好的经济效益、生态效益和社会效益。

（1）护滩：米草具有发达的根系，其地下生物量是地上部分的4~7倍，在土壤中构成密集的网络。米草还可以使土壤中有机质增多，增加土壤的黏结力，同时，由于有机物的增多，土壤中的无脊椎动物如沙蚕等，大量繁殖，这类无脊椎动物分泌的黏液也可以增大米草与土壤颗粒以及土壤颗粒间的黏结力。这一切使土壤的抗冲击力大大增强，对于抗冲击力差的粉砂质海滩有明显的保护作用。

（2）防浪护堤：米草茎叶振荡的固有周期与海浪不同，因而米草又具有消浪的作用。例如，互花米草可减低浪高71%，减少浪能92%，具有明显的防浪护堤作用。

（3）促淤：米草具有减小底层潮流流速、吸附细粒悬移物质、阻碍沉积物重新起运等作用。对比实验表明，米草带内淤积速度比光滩快

1. 2 ~ 4. 3 倍。

（二）沿海防护林体系建设

20 世纪 50 年代在辽宁盘锦、山东寿光、江苏、天津等地实施水利工程改良滨海盐碱地，获得很大成功。1991 年我国启动实施了全国沿海防护林体系建设工程，沿海各地从实际出发，加大工作力度，加快建设步伐，沿海防护林体系建设取得了阶段性成果，为改善沿海地区生态环境、维护国土安全、促进经济社会可持续发展做出了重要贡献。尤其是 2004 年印度洋海啸发生后，我国对沿海防护林体系工程建设更加重视。2007 年 12 月，国务院批复了《全国沿海防护林体系建设工程规划（2006—2015 年）》。2008 年年底，为应对国际金融危机，保持经济平稳较快增长，国家把沿海防护林建设作为"扩内需、保增长、促发展"的重要战略举措，在短期内紧急增加 5 亿元用于沿海防护林建设，在我国沿海广大地区掀起了造林绿化新高潮，我国沿海防护林体系建设取得显著成效。

截至目前，我国沿海基干林带初步实现合龙，森林资源显著增加，沿海防护林体系框架基本形成。截至 2008 年年底，沿海地区累计完成造林 420 万平方千米，新建、加宽加厚和更新基干林带 9 384 千米，新增农田林网控制面积近 68 万平方千米，控制率达 81%，村屯绿化率达 35%。今后要以保护现有森林资源为基础，海岸基干林带和防风消浪林带建设为重点，努力构建层次多样、结构稳定、功能完善的沿海防护林体系。

通过沿海防护林体系建设，沿海地区的森林生态系统得到有效恢复，防灾减灾能力得到提高，野生动植物种群数量显著增加，生物多样性更加丰富。

（三）地面沉降控制

比起全球变暖、冰川融化带来的海水上涨，更为严重的是由于过度开采地下水导致的大幅度地面沉降，从而造成相对海平面快速上升，它正使一些沿海地区一步步"滑向大海"。要想遏制和减缓未来海平面的上升势头，除了全球共同努力减轻温室效应外，避免过量开采地下水，采取多种措施控制沿海地面沉降也是当务之急。

早在 1965 年，上海市就采取人工回灌地下水的方法，使上海市的地壳和陆地反弹，从而控制住地面下沉。后来天津市如法炮制，结果也行之有效。这说明主动采取有力措施，完全可以使局部地区的地面沉降得以有效控制。

莱州市的河流径流季节性变化强烈，径流主要集中在每年的 7—8 月，占全年径流量的 70% ~ 80%，而且河流源短流急，汛期洪水暴涨暴落，对地下水的补给非常不利。20 世纪 90 年代，莱州市在河道中、下游修建了中、小型拦河闸（坝）10 座，蓄水能力 330 万立方米，并修建了输水渠，将洪水引入渗坑、渗渠、渗井等回灌工程。这些地下水补给工程总共投入 1.5 亿元人民币。在莱州市内的王河下游修建渗渠、渗井，就是一个典型的人工补给地下水工程。1990 年之前，莱州市政府在王河下游 2.9 千米长的河床上，开挖了渗渠 122 条、渗井 244 眼，渗渠长 80 米、宽 2 米、深 2 米、渗渠间距 50 米。在每条渗渠内开挖简易渗井 2 眼、井径 2 米、井深 4 ~ 9 米，挖穿上部黏土隔水层，进入沙砾层 0.5 ~ 1.0 米，井内和渗渠内充填卵砾石。在 1990 年汛期的 3 次降水中，王河流域拦洪坝拦蓄洪水 1 523 万立方米，然后引入渗渠、渗井，并补给地下水。根据地下水水位观测资料，在 14 小时内，入渗补给地下水量达 31.7 万立方米，补给区地下水水位平均回升了 3.17 米，补给效果良好。

此外，鉴于我国沿海一些堤防已不适应未来海平面相对上升的新形势，除及时加高加固现有堤防设施外，沿海地区在新建港口、防洪工程和城市建筑时，必须为将来海平面相对上升"留足余量"。

（四）海岸防护工程

海岸防护工程是应对风暴潮、近岸浪和海岸侵蚀的有效工程措施。在近岸水浅处，波浪可直接强烈地作用于底部，引起岸滩的冲淤变化。沿岸的防护工程措施应该是增加底部摩擦，或者在岸外建造消浪工程设施，大大损耗波浪作用的部分能量，从而削弱波浪动力对岸滩的侵蚀作用。同时，利用人造工程抵挡顶冲主流线，或者改变、挑离主流线，促使泥沙落淤，减缓海岸的侵蚀强度，使海岸线稳定，使进入近海岸带的泥沙量增加，输出的泥沙量减少，是海岸防护的一个主要途径。目前，黄河三角洲绝大部分海岸段因河流泥沙供应不足，造成海岸强烈侵蚀。可以在局部海岸段，通过工程措施可以改变近岸泥沙的运移格局，使泥沙堆积下来。

在我国海岸防护工程中有许多形式，如海堤、丁坝、离岸坝等，还有前面提到的创新形式。根据黄河三角洲的沉积物和侵蚀特点，黄河三角洲的刁河口海岸，采用一种水力插板桩坝技术建设防潮堤，特别是堤坝根基深和能够直接在浅海水域中进行施工的特点，对于黄河三角洲（或泥质海岸）修建海岸防潮堤具有重要的作用。因此具体到某个海岸要根据其特点具体选择，也可以采用组合形式的护岸措施。根据黄河三角洲飞雁滩海岸的侵蚀特点，现有的防潮堤能减缓岸线蚀退，不能抵御强烈的侵蚀。在高频波浪带外侧建造离岸堤，则可起到消浪、挡沙的双重功效，可成为飞雁滩海岸有效的防护工程体系。

（五）海岸带水资源管理

为了预防与治理咸潮、海水入侵和土壤盐渍化等海洋灾害，提出和采用了各种水资源管理的见解和方法。诸如限制海岸带地下淡水开采量、在海岸带布置井排进行人工回灌、在海岸线附近布置一排抽水井形成抽水槽、沿海岸灌注某种物质形成隔水帷幕等。每种方法都有一定的优点，但也存在需要解决的问题，考虑到技术和经济等方面因素，需视具体地区情况作出论证。20 世纪 90 年代，我国易受海水入侵的城市根据实际情况，采取了行之有效的海水入侵防治对策，取得了明显成效。例如，莱州市和龙口市采取了加强地下水管理、地下水补给工程、农田灌溉节水工程和远距离调水工程等措施，致使海水入侵速度明显减缓，个别地段海水入侵面积不再增加。

1. 加强地下水资源管理

为了预防相对海平面上升可能产生的影响，各地政府积极采取相应的适应对策，如上海、天津等地严格控制地下水开采，目前已有效地减缓了地面沉降。20 世纪 90 年代之前，地下水开采多处于无序状态。为了防止海水入侵面积继续扩大，沿海城市加强了滨海地区地下水开采的管理力度，严格执行取水许可证审批制度，严禁乱打井，严禁打深井，通过行政手段减少地下水开采量，将地下水开采量控制在允许开采的范围内。

2. 人工补给地下水

地下水允许开采量是有限的，要想增加开采量，必须增加地下水的补给。增加地下水补给可以通过拦、蓄降水和地表径流来实现。如修建拦洪闸、渗井、渗渠等工程。在由超采地下水引起地面沉降的沿海地区，要合理地、有限制地利用地下水，并持续进行人工回灌，控制地面沉降。在沿海的石油和天然气开采区，用海水替代地下水，减少或不采用地下水作为注水采油的水源，以缓解地面沉降。这些措施都可以最大限度地减少相对海平面上升带来的各种危害。

3. 地下水防渗帷幕

陆地地下淡水有一部分以地下径流形式输入海洋。如果能把这部分地下淡水利用起来，那么可以增加地下水可开采量。1995 年，龙口市采用高压定向喷射灌浆方法，在八里沙河下游和黄水河下游修建了地下水防渗墙，防渗墙长 6 千米，宽 2～3 米。建成了 2 个地下水库。其中黄水河地下水库总库容达 5 239 万立方米，最大调节库容达 3 329 万立方米，可以使 180 千米区域内的地下水水位平均回升 2.5 米。地下水库建成后，不仅阻止了海水入侵的发展，而且缓解了龙口市部分地区饮用水供水紧张的局面。

4. 节约灌溉用水量

节水最有潜力的部门是农业，因为农业灌溉方式比较落后，农田灌溉定额普遍比较高。莱州市采取了一系列有效措施，降低农田灌溉定额，包括大畦改小畦、渠道防渗、发展低压管道灌溉和微灌。这项农业灌溉节水工程总投入 1.8 亿元人民币。根据多年实践，半固定式低压管道灌溉每年可以节约用水 900 立方米/公顷左右。微灌每年可以节约用水 3 000 立方米/公顷左右。目前，莱州市已经发展低压输水管道灌溉面积 2.8 万公顷，微灌面积 800 公顷，每年节约用水约 3 000 万立方米。同时，许多沿海城市还实行生态农业、植树造林，改善环境，发展旱作农业，减少地下水开采。

5. 远距离调水和水道综合治理

目前增加海岸带河川流量，进行水道疏浚和综合治理是一项重要的措施。

　　长江三角洲海岸带淡水资源有明显的季节变化，在冬半年，应增加海岸带河流的淡水流量，这对改善海岸带土壤盐碱状况、企业用水，尤其是人民群众生活用水极其重要，也是改善投资环境的必要措施。在乡镇企业集中，工业、农业污染日益明显的长江径流，输沙与长江中上游的植被有密切关系。保护中上游的植被面积对稳定长江径流有重要意义。稳定的长江流量、含沙量与长江三角洲经济稳定是息息相关的，长江中下游湖泊很多，应减少围湖造田，保证一定的蓄洪、蓄水能力，对减少本地区的旱涝和损失是极为重要的。长江口的航道淤塞、多变，引起沿江各地区的注意，沿江各地区不宜建造特大型港口，沿江港口的建设应与长江口航道的通航能力相适应。国家应将特大型港口规划在水深较大、海岸稳定的沿海，如金山咀等地，这样可以减轻长江口航道的治理工程，而长江口航道的治理是一个长期的复杂的工程；减轻上海港压力，有利于长江黄金水道运输能力的外延。这在时间上费时短、经济上耗费少，对加速本地区经济发展已是刻不容缓。通过疏浚航道、整治海岸、围垦江海滩相结合，既可得到大片土地，又可以束狭河槽，增加水流、沙力，改善航道。

　　海水入侵使莱州市滨海地区地下水变咸而无法饮用，15 万人口的饮用水发生困难。海水入侵地区居民就地打井，更加剧了内陆地下水的超采。针对这一情况，莱州市建设了滨海地区居民饮用水调水工程。从上游水库调水，年调水量 400 万立方米，使滨海地区的居民都用上了自来水。这项调水工程耗资 1 亿元人民币，不仅解决了滨海地区 20 万居民的生活用水和部分工业用水，而且还减少了滨海地区地下水开采量，减缓了海水入侵的速度。

第八章　中国沿海未来海平面
上升的适应对策

海平面上升将对我国沿海的资源和生态环境系统产生长久和不容忽视的影响，特别是工业区、城镇居民区、海岸工程，以及水资源、海岸带和各类生态系统等。在现有认识的基础上，选择有利于应对海平面上升及其影响和有利于促进沿海经济发展与社会进步的"无悔对策和措施"，并将它的实施问题纳入到国家经济建设和社会发展长远规划中去，以便未雨绸缪、趋利避害，确保我国社会经济可持续地、稳定健康地发展。本章对未来中国应对海平面上升提出明确的对策和建议，为控制海平面上升风险提供参考依据。

一、建立健全相关法律法规和综合管理决策机制

通过政策和法规建设，确定海洋/海岸带领域应对气候变化的建设目标和内容，建立综合管理的决策机制和协调机制，努力减缓与适应气候变化的不利影响。以地方经济社会的近期和中长期发展规划为依据，确定适应对策导向、成本效益分析和选择。开展适应未来海平面上升的风险分析，明确适应行动的原则，实现对地方近期和中长期发展规划或三角洲发展规划以及重大工程的保障和支撑，制定与地方经济社会发展规划相关内容紧密结合的适应战略和对策，有针对性地分析和确定重点任务。

在中国大河三角洲地区，相对海平面上升影响与对策的研究均已先后开展，甚至已采取了不少重大的工程措施。首先要从环境经济学方面认识到减灾防灾的投入也是地区经济发展投入的一个重要组成部分。华北、长江和珠江三角洲有不少实例均已说明，这种投入虽仅占地区的年国民生产总值的1%~2%，甚至更少，但是却发挥了重大效益，或者说避免了重大损失，而且投入越早，收效越大。因为海平面上升的危害是一种缓慢发展的过程。在其初期，防治较容易，费用较低。一旦造成严重灾害时，其

防治难度变大而且复杂，费用亦将显著增多。其次，根据现有经验，为了使防灾对策与措施的研拟与落实取得最好效果，不但需要有一个部门进行一体化的统一管理、协调，而且需要有水利、工业、农业、水产等多个有关部门配合协作。防灾对策与管理所涉及的空间范围，不能只是10余千米的常规海岸带，而要扩及整个辽河流域范围。所考虑的时间尺度亦不能只是当今的三五年，而需要顾及到今后的三五十年，甚至一个世纪的环境变化。

二、全面提升海平面上升的监测评估能力

监测海平面上升及其影响状况，并评估海平面上升可能产生的风险，是科学应对海平面上升的前提和基础。

（一）提高海平面上升及其影响的监测能力

加强对海平面上升所引起环境变化的观测、提高观测精度、积累长时间序列的观测数据是预警防范和规划等科学决策的基础。目前我国观测台站和监测系统网点布局还不够合理，不少地区尚有空白。因此，应加强我国沿海地区台站和监测系统的建设，统一规划，合理布局。应当运用遥感和全球卫星定位系统等技术和手段，加强海平面上升和海洋灾害的动态、长期监测，并在地理信息系统的支持下，建立我国海平面上升及其影响的数据库和信息系统，为海平面上升的综合、多学科研究提供基础资料。

海平面变化监测的基本手段是验潮站水位观测和高精度重复水准测量，取得全面精确的观测数据是海平面变化研究的基础。我国沿海地区已有一些观测台站和监测系统。为了监测长期的海平面变化，取得长时间序列观测资料，有必要加强和改善观测设施，改进观测方法，提高技术水平和观测精度。

在考虑海平面变化观测方法和观测点、网的设置时，必须考虑海平面变化与陆面变化观测资料的联合运用与分析。验潮站所观测的资料实际上是海平面变化与陆地高程变化叠加的结果。要了解实际的海平面变化幅度，就必须对近海陆地区域性构造升降运动变化进行监测。通过沿海陆地地形变化的测量可以清楚准确地了解我国沿海各岸段构造升降运动的区域

性差别，这一点对全面正确分析我国海平面升降变化非常有意义。

在近海陆地，由于较厚第四纪沉积地层的分布以及大量抽取地下水，常常产生地面沉降。这种地面的垂直变形几乎完全由人为因素所引起。地面沉降监测资料对研究海平面升降变化必不可少。要获取该资料，需要专门的监测设备，即地面沉降观测标，有"分层标"和"基岩标"。前者标杆设置在不同沉积层的顶面，后者标杆设置在松散沉积层以下埋藏的基岩顶部。为了保证测量的精度，地面沉降地区的基岩标还要与沉降区外的水准点相联测。

因此，必须综合分析气象站资料、验潮站资料、陆地区域性构造变形资料、地面沉降观测资料，才能取得真实的海平面变化数值，包括：

（1）台站监测网扩容和 GPS 监测能力改造。针对我国现有海平面监测站数量偏少且分布不均匀的现状，在现有 99 个海平面监测站的基础上，新增 100 个左右岸/岛基海平面监测站点。在现有 GPS 验潮站的基础上，增建验潮站的 GPS 观测设备，并实现与国家高程系统的联网，开展海平面上升和地表沉降的长期、连续观测。

（2）利用"中国海监"飞机，搭载航空遥感、遥测设备，开展近岸陆地高程、岸线变迁、海岸侵蚀、滩涂变化、湿地变迁等变化的监测，为海平面变化影响评价提供基础数据。

（3）利用全球定位系统（GPS）、大地基准测量仪器等监测设备，开展我国沿海地区重点海防设施工程的动态监测。

（4）有针对性地建设覆盖我国管辖海域、邻近大洋并适当辐射两极的海洋气候和海洋灾害观测网络，形成实时获取全球海洋关键气候要素的能力，具备评估海洋变化及其对气候响应的能力，提高对未来气候变化的预测水平，服务于我国应对气候变化的大局。

（二）开展海平面上升的综合风险评估

海平面上升作为一种客观的、带有一定不确定性的灾害性事件，对我国沿海地区的影响及损失严重威胁着整个国家社会经济的正常发展。为了防止与减轻海平面上升对沿海地区的影响与危害，必须进行这些地区的灾害风险评估，以确定海平面上升对沿海地区淹没风险的大小。分别根据海平面上升的危险性、脆弱性和社会经济损失分析海平面上升的幅度和影响因子、各行业产值和土地利用以及社会经济发展对海平面上升的承载能力、工农业产值和各类资产价值定量的损失情况，同时还对可能淹没地区内受影响的人口数量进行预测，综合考虑得出较全面的海平面上升风险评估结论，从而为有关部门的防治和管理提供决策参考。

国家应加大投入运用遥感、全球定位系统、地理信息系统、网络技术等高新技术和手段，建立海平面上升预测预报模型和预警系统及与海平面上升有关的资源、环境、经济和社会影响决策评价系统。

建设覆盖整个沿海地区的海平面上升影响评价系统，由现有的典型区域示范评价，提升为包括沿海省、地（市）和不同海域的多层次、全覆盖的海平面上升影响评价系统，完善海平面上升影响评价指标体系和评价模型，加强海平面影响基础信息系统建设，开发基于 GIS 的海平面上升影响评价系统，全面提升海平面影响评价能力，为各级政府部门提供决策服务。

依据沿海地区海平面上升趋势及评价结果，综合评估海平面上升对沿海地区自然环境、社会经济、海洋权益和国防安全的影响，结合现有海防设施的防御能力，区划沿海地区海平面影响的风险，为沿海地区发展规划提供依据。

三、提高沿海地区抗御海平面上升的能力

提升沿海地区的防御能力是应对海平面上升的最直接手段。在分析气候变化和海平面上升对沿海地区的潜在影响的基础上，应加强海岸带和沿海地区适应气候变化和海平面上升的基础防护能力建设，提高沿海城市和重大工程设施的防护标准，建设适应海平面上升的海岸防护设施。

（一）沿海新建重大工程和开发区建设必须注意海平面上升的影响

结合地方经济社会发展规划，进行海岸带国土和海域使用、开发前的综合风险评估工作，确定评估科目和要求，根据不同的重点开发内容，提供详细、明确的风险警示。

针对沿海区域海平面上升的不同特点，在滨海城市建设和开发、土地

规划利用、海域规划使用、滨海油气开采、海岸和河网的防护、沿岸港口码头、电厂等重大工程、海水养殖和海洋捕捞、种植业、观光旅游业等领域，全面提高防范海洋灾害的标准，如修订城市防护与海岸工程标准、海洋灾害防御工程标准、重要岸段与脆弱区防护设施建设标准，核定警戒潮位和海洋工程设计参数，建设适应的防护设施，为沿海城市发展规划、海洋经济区选划、海洋功能区划、市政防洪能力建设等提供决策依据。

近年来，沿海出现不少新建港口和开发区，包括浦东开发区和天津滨海新区等。这些地区都要考虑海平面上升这一因素。新建开发区和工业区的重要设施场地标高的确定，要考虑在今后数十年或百年内海平面上升允许的标高范围。应采取有力措施，坚固设防，同时要总结海平面上升给老城区发展带来的困难和问题，作为新城区制定规划时的借鉴。

（二）提高防御标准，加强海岸及沿河防御工程建设

我国沿海堤防工程大多标准较低，能抵御百年以上洪水或风暴潮灾害的不多。海平面上升将导致堤围防御能力降低，使原设计抗百年一遇的工程只能抵御 20 年一遇的甚至 10 年一遇的灾害。鉴于近年我国沿海产业结构发生了深刻的变化，经济建设得到很大发展，同样的风暴潮灾害会带来比以往大许多倍的经济损失，为了确保沿海经济建设和人民生命财产的安全，应按照经济发展程度，采用不同的工程标准，把加高加固沿海和大河口的堤防纳入经济发展规划。

我国目前海堤高程大都由历史最高潮位、相应重现期的风浪爬高和安全超高三项参数相加得出，海岸防护存在的突出问题是：海堤标准低，抗御能力弱，综合防护措施不够。要改变这种状况，关键在于增加投入，适当修订现行海堤设计标准，重新确定海堤等级及划分依据，提高海堤防潮抗浪能力，使大部分海堤在现有基础上通过加高加固普遍提高一个等级。

长江三角洲、珠江三角洲、天津沿海地区地势低平，经济发达，人口密集，如无海堤（海塘）保护，该地区 3/5 的地区都将在高潮位的控制之下，尤其是社会经济最发达的上海、太湖地区、江苏南通地区、浙江嘉兴地区都将成为高盐碱化荒漠地带。因此，海堤是该地区一切活动所要依赖的生命线。而确保人民生命财产的安全及正常的社会经济活动又是各级

政府的首要任务。现有的许多堤坝由于多年失修防潮能力大大降低，已不能适应海平面上升对潮水的冲击，特别是遇到大潮时，更是一溃千里，因此对现有堤坝必须加固、加高、改建。另外，高程在5米以下，唯有堤坝设防的沿海低地岸段，应该建造新的堤防工程，特别是今后在沿海低地建设的重要建筑物都应有相应的防护设施。

在全球气候变暖的情况下，海平面上升，灾害频次增加，强度增大，各级政府必须从全局出发，针对海平面上升，应逐年分期地增加对海堤、江堤建设的投资，海岸带、江岸带的新居民点、新企业，均应有防护安全基建资金，切实做好海堤、江堤的建设。在海岸带，要加强海岸的保护和管理，加强防护林建设。尤其是冲蚀海岸段要切实提高海堤建造标准。在目前的财力、人力条件下是可以做到的，在经济上其短期和长期的效益都是显著的。

在城市地面沉降地区建立高标准防洪、防潮墙、堤岸，改建城市排污系统，对沉降低洼地区进行城建整治和改造，提高城市抗灾能力。在沿海低平原地区，特别是河口三角洲地带，建设永久性的重大工程时应适当提高建筑物基面，以免未来海平面上升被淹没，造成重大损失。

加高加固沿海大堤，使之能抵御海平面上升0.5米和1米，以及风暴潮增水和波浪爬高的侵袭。此外，随着全球气候变暖，暴雨频率和雨量以及由此而发生的洪水频率与水量将会增大。因此，河流下游河口段防洪标准本已很低的河堤也应及时加高加固，以防止未来受上升的海面与高潮和风暴潮顶托而发生洪涝大灾。

在加高加固海堤时，还应预见：防潮堤的修建本身将会对生态环境带来一系列不利影响。由于大堤中断了海陆水循环，堤内湿地将由咸水环境转变为淡水环境，使湿地生态系统（包括芦苇型湿地）发生相应变化或退化，并将改变自然保护区内珍稀鸟类的栖息环境而使其失去原有保护区的功能。另外，防潮堤和河口挡潮闸的修建还将改变河口区和沿海滩涂上的海洋生物的生态环境，为此，要相应地研拟进一步的对策。

要控制海平面上升所加剧的海岸侵蚀。例如，营口东南鲅鱼圈一带沙滩因人工采砂而造成的海岸侵蚀，以及因辽河上游建水库、河口挡潮闸使入海泥沙减少，引起的三角洲前缘滩地和沙岗侵蚀均将因海平面上升而加剧。为了防止海岸侵蚀，特别是对重要的、具有较大开发意义的岸段侵蚀，可采取建造垂直于海岸的突堤或丁字坝等常用的海岸防护堤以及采用人工"施肥"的办法来避免和减轻海岸侵蚀。

（三）全面增强和完善排水系统的建设

新增和改建排水设施，沿海城市和农村要提高排水（排涝）能力，以应对逐渐抬高的海平面。目前许多地方的排水设施连当前防潮标准都未达到，因此需要新建和改建一批排水泵站和挡潮闸，防止海水倒灌和积涝，对老化的设备要更新。制定排涝规划时要充分考虑外江潮位抬高的变化趋势，留有余地。整治河道，清除障碍，保证河道通畅，增加河道调蓄能力和排水能力，必要时拓宽河道，增加排水流量。

增强河口区的行洪排涝能力建设，加固河堤和海堤建设，尤其是两者的连接处，建设坚固耐用的闸门，预先规划、设计和建立好行洪水道和行洪区，保持城市排水系统的畅通，防止海水倒灌。

改善市内排污排涝系统。海平面的上升导致泵站的排水能力下降，因此要更新增加排水设备，特别是市区，因为市区是金融业、服务业、商业、房地产等行业的集中地，一定要保证其绝对的安全性。

对调蓄内湖预留泄洪通道扩容的可能性或预留强排泵站用地。采用调蓄方式进行防洪排涝，在调蓄内湖规划建设过程中，需预留闸门扩建或新增强排泵站的可能性，为海平面上升后调蓄内湖提高排涝能力预留通道，保证其防护区域排洪排涝安全。

（四）加强海洋防灾减灾能力建设

综合考虑海平面上升对一些海洋灾害的加剧作用，加强风暴潮、咸潮、海水入侵和土壤盐渍化灾害的观测能力建设，建成海洋环境的立体化观测网络，强化海洋灾害的预警报，进一步建立健全海洋灾害应急预案体系和响应机制，全面提高沿海地区防御海洋灾害的能力。

完善和提高极端天气条件下的海洋灾害预警报的能力，建设国家、省（自治区、直辖市）、市、县四级的海洋灾害预警报服务体系；加强海洋灾害预警报的业务化流程的能力建设，包括监测数据服务、预警报技术和预警报产品服务等环节，为沿海重点地区和重大工程应对海洋灾害提供支撑和保障。

建设海洋防灾减灾综合决策支持平台。加强现代科技手段在海洋防灾减灾中的综合集成式应用，建立气候变化背景下的海洋防灾减灾综合决策支持平台，完善重大海洋灾情的监测、预警、评估、应急救助、灾后恢复重建的指挥体系。

四、加强海岸带水资源综合管理

淡水资源短缺是我国许多沿海城市经济持续发展的"瓶颈"，未来海平面的持续上升将使这一情况更加恶化，为此必须加强海岸带的水资源综合管理，为沿海地方经济社会发展提供基础保障。

（一）合理利用淡水资源

尽管我国是世界上严重缺水的国家之一，但我国的万元 GDP 用水量却是发达和较发达国家的五六倍。人年均用水量比首尔、马德里、阿姆斯特丹等城市要高。估计城镇的供水管网的漏失率高达 20% 左右，每年损失的自来水甚至超过南水北调中线的输水量。发展节水型企业、改变用水浪费的习惯，是保证沿海经济可持续发展的重要措施。

建立长效科学用水和防范机制，建立以节水为中心的工业和农业产业体系，创建节水的生态型城市，提高水资源的利用率，加快地下水人工回灌，减轻地面沉降，使地面沉降防治与地下水资源保护达到最佳状态。加快流域控制性工程的建设，提高流域水资源综合调配的能力。同时，制定跨流域水资源调度机制，加强流域水资源管理、统一调度，立足于流域水资源的合理配置。

加强对污染源的管理和治理，提高污水处理率，特别要重视对城镇生活污水的处理。我国城市目前的污水处理率仅为 45.7%，使得超过一半以上的污水直接排入了流经城市的河流，造成了江河和近海的严重污染。我国一些主要江河流域附近的城镇必须面对因水资源污染而导致的缺水的尴尬困境。因此，加速城镇的污水处理，既可以提高淡水的循环利用，减少水资源消耗，又可以减少污染，保护环境。

（二）提高蓄淡压咸能力

应对海平面上升和海洋环境变化造成的咸潮危害，解决城镇淡水供应已经刻不容缓，近期解决燃眉之急的措施包括以下方法。

（1）蓄淡防咸。在汛期利用水库和坑塘尽可能多地储存淡水，以足够的淡水资源，以备防咸。

（2）建设临时应急抽水工程。在江河上游，咸水上溯不到的位置，建立临时抽水工程，急需时临时抽取淡水，临时增加淡水供应。

（3）乘低潮取淡水。根据潮汐运动的规律，在发生低低潮前后，咸水退却、淡水充裕的有利时机，加大抽水量。

（4）加大水库泄水以淡压咸。针对江河径流减少造成咸潮压力增大的情况，加大水库下泄流量，以减轻海水倒灌、咸潮上溯的影响。通过合理调度，保证自来水厂取水口不受咸潮影响。

（5）转移供水点，改造排灌溉系统。在河口和沿海人口密集地区，为了减轻海平面上升后海水入侵对工业和居民用水造成影响，其给水点应向上游或内陆移动或迁移。而对海平面上升后带来的内涝和海水入侵引起的土壤盐渍化，应考虑改造现有的排灌系统和重新建立排灌体系来减轻其影响。

（6）加强区域联系和协调工作。加强对大型水库蓄水量的变化和水情进行监控预报，监测河口咸潮活动规律，为各地提前进行水库供水调度、采取应急措施等做好预报、预警工作。

（三）做好增强城镇淡水供应的能力建设

沿海城镇的发展、人口的增加、气温的升高，都对水资源提出了全新需求。改造现有的城镇供水设施，建设新型的城镇供水系统，做好增强城镇蓄水能力建设工作刻不容缓。要根据城镇发展的可能规模，预测需水量的大、中和小规模。评估未来气候变化带来的水资源短缺的影响，实事求是地做好可能的供水量预测。研究实现优化水资源分配的可行性，提出解决城镇淡水供应的行动计划。

在"长三角"、"珠三角"等城市群，立足于本区域水资源的开发、利用、节约和保护，建立城市群供水规划，加强自身的供水，特别是应急供水能力建设，如加强水库蓄水能力，加大城市供水系统，建设节水型社会，各城市做好水资源统一调配利用，调整取水点布局，打击非法采砂，控制沿海地区地下水超采和地面沉降，做好城市自来水供应保障，减轻海水入侵和土壤盐渍化危害等，为沿海地方经济社会发展提供基础服务。

（四）采取多种方法和有效措施，严格控制地面沉降

随着工业化进程的加快、沿海城市化迅速发展，水资源与发展的矛盾日益严峻地摆在了我们面前，海平面升高，过量地抽取地下水造成地面加速下沉。城镇，特别是沿海大城市掠夺式地利用周边甚至整个江河流域的淡水资源，造成了一些江河流域水资源严重短缺，极大地制约了这些地区工、农业经济和社会的快速协调发展。区域水资源总量的基本稳定性和日益增长的需求，形成了尖锐的矛盾，造成城镇用水量越来越大，农业用水量不得不越来越少，不得不大量抽取地下水，地面下沉越来越严重。

在由超采地下水引起地面沉降的沿海地区，要合理地、有限制地利用地下水，并持续进行人工回灌，控制地面沉降。在沿海的石油和天然气开采区，用海水替代地下水，减少或不采用地下水作为注水采油的水源，以缓解地面沉降。这些措施都可以最大限度地减少相对海平面上升带来的各种危害。

此外，三角洲地区多为大面积松软的淤泥质亚黏土分布区。例如，盘锦市下伏的地层顺序为黏土、亚黏土、淤泥质黏土、淤泥质亚黏土、亚砂土、极细砂、淤泥质黏土、淤泥质亚黏土透镜体、细砂10层。由于其具有含水量大、干容重低、压缩性高、透水性弱和抗剪强度低的特性，不但自然沉积压实量大，而且还可能因开采油气和超采地下水进一步导致人为的地面沉降，从而增加相对海平面上升的速率和幅度。

五、强化海岸带生态环境保护

海平面的持续上升将会对我国沿海的生态环境造成一定的影响。在海平面上升和海洋动力环境变化的情况下，应进一步改善沿海地区的生态环境，保证在防灾和减灾设施建设中适应环境和生态保护需求，实现经济社

会与生态环境的共同和谐发展。

（一）统一环境建设标准和规划

加快海洋岸带管理和治理，不断完善管理法规体系，为海岸带综合管理创造一个良好的法制环境。重点应当是海岸带管理规定、海洋功能区划标准、海洋生态环境保护管理规定、海洋资源开发利用与保护规定、海洋自然保护区管理规定等，保证海岸带综合管理工作依法进行。

开展充分的调查和论证，充分考虑海岸环境保护、海岸经济和城市整体持续发展，把海岸带资源的开发与保护纳入国民经济和社会发展中长期计划和年度计划，从海陆环境一体化、人文经济协调化、近期目标和长远规划等全方位，制定海岸带资源开发与环境保护综合规划，为今后的海岸带综合管理提供法律和科学保障。

修订沿海环境保护的规划和有关环境建设标准。沿海地区特别是经济发达地区，要把适应全球气候变暖和海平面上升的影响问题，纳入发展规划，要按适应对策调整经济发展布局、区域发展计划、土地利用规划，限制海岸带人口增长和向海岸带迁移人口等。同时，要考虑未来海平面上升可能产生的影响，如淡水供给减少、河床淤积和航道受阻等，对现行的环境、建设标准等进行修订。

（二）推进海洋保护区和海洋生态系统修复工程

提高近海和海岸带生态系统抵御和适应气候变化的能力，推进海洋生态系统的保护和恢复技术研发以及推广力度，强化海洋保护区的建设与管理，开展沿海湿地和海洋生态环境修复工作，建立典型海洋生态恢复示范区，大力营造沿海防护林等。

1. 海岸带生态系统监测

我国沿海和海岸带设有几十个生态监控区，应开展业务化的生态监测。2008 年，国家海洋局承担全国海洋环境监测任务的部门和单位有 160 余个，共设立各类监测站位 9 200 多个，获得各类海洋环境监测数据近 220 万组。监控区总面积达几万平方千米，主要生态类型包括海湾、河口、滨海湿地、珊瑚礁、红树林和海草床等典型海洋生态系统。监测内容包括环境质量、生物群落结构、产卵场功能以及开发活动等。

2. 施行海滩人工喂养

任美锷（2000）估计世界的砂质海滩有70%遭受着侵蚀，美国则可能达90%。由于砂质海滩是重要的旅游资源，对海岸社会经济十分重要，所以最近几十年来，移砂补滩（海滩人工喂养或人造海滩）已成为海岸管理的首选措施。海滩人工喂养包括重建和再补砂两个内容。前者是指移入适量沉积物（砂）使受侵蚀的海滩恢复其原来宽度，以满足旅游休闲需要，同时保护海滩免受风暴侵蚀。再补砂是指定期地人工补砂，以维持补砂后的海滩剖面。人造海滩具有以下优点：① 海滩加宽后更加美观，可以促进旅游业的发展；② 硬建筑物，如突堤、引堤等常对下游产生负面影响，而人造海滩则无此影响；③ 建海堤常不能解决长期的海岸侵蚀问题，因海堤前的海滩将被蚀消失，海洋动力（浪、流等）直接打击海堤堤根，使海堤倒塌，而人造海滩使海岸免受侵蚀威胁，增加了海岸房地产的价值，引起新的开发。由此可见，今后随着世界海岸人口的增加和对海滩旅游及休闲要求的上升，人造海滩的应用将具有良好的开发前景。

3. 保护现有的森林和牧场，加强绿化

在沿海地区除了应保护现有的森林和牧场外，还应广泛植树造林，加强绿化，增加森林覆盖面积。这不但可以防沙固沙，防止水土流失，改善自然环境，还可以抑制大气中CO_2含量的过速增长，从而延缓海平面上升，减轻自然灾害的危害。

4. 发展沿海防护林

依法治林，强化经营管理，继续深入开展全民造林绿化教育，树立可持续发展观念，加强生态环境保护。坚持科教兴林，抓好成果示范推广，做好规划设计，新造或重造林带，建设综合防护林体系。

5. 加强滩涂保护和合理利用开发

维护滩涂占补平衡，合理确定围垦计划面积，对地面高程比较低的滩涂暂不要盲目围垦，要充分考虑海平面上升带来的不利因素，避免围垦费用大幅增加。对已围垦的滩涂，要加高加固围堤，提高排水脱盐能力，充分发挥其经济效益。对于已围的海涂，在堤防外侧湿地部分，可种植红树林、互米花草等类植被，既有利于堤防的保护，同时也有利于湿地生态的平衡。

（三）保护沿海湿地，增强生态海岸带防护

沿海湿地是重要的国土资源和自然资源，如同森林、耕地、海洋一样具有多种功能。沿海湿地可以包括邻接湿地的河口沿岸、沿海区域以及湿地范围的岛屿或低潮时水深超过 6 米的水域。所有季节性或常年积水地段，包括沼泽、河口三角洲、滩涂、珊瑚礁、红树林、水库、池塘、水田以及低潮时水深浅于 6 米的海岸带等，均属沿海湿地范畴。沿海湿地与人类的生存、繁衍、发展息息相关，是自然界最富生物多样性的生态景观和人类最重要的生存环境之一。它不仅为人类的生产、生活提供多种资源，而且具有巨大的环境功能和效益，在抵御洪水、调节径流、蓄洪防旱、控制污染、调节气候、减缓海岸侵蚀、促淤造陆、美化环境等方面具有其他系统不可替代的作用。

沿海湿地是大地留给海水异常活动的空间。海平面上升、海洋动力环境改变、海啸和风暴潮等引起的海水长期、短期或瞬间的上升，都需要一个允许其活动的空间，运动的水体越大，需要的空间就越大。如果没有空间，它具有的能量就会集中，其破坏力和造成的损失就会成倍增加。对海水异常运动造成的灾害而言，沿海湿地其实是一个储水池、消灾器。当海水退却，它又会很快恢复勃勃生机。

沿海地区经济的迅速发展、人口的快速增长，往往造成沿海湿地被开垦为农田、被建设为新经济区或作其他用途，海平面上升也使沿海湿地受到不断退化和缩小的威胁。我国沿海湿地已围垦了近1/2，严重影响了沿海生态系统平衡，加大了海洋灾害的危害程度。因此，采取合理的管理措施，保护沿海湿地，防止沿海生态环境的破坏、退化和丧失已刻不容缓。

保护湿地，对于维护生态平衡、改善生态状况、实现人与自然和谐、促进经济社会可持续发展都具有十分重要的意义。坚持经济发展与生态保护相协调，正确处理好湿地保护与开发利用、近期利益与长远效益的关系，绝不能以破坏湿地资源、牺牲生态环境为代价来换取短期的经济

利益。

保护湿地是全人类的共同责任。世界各国为加强湿地保护，自1971年《关于特别是作为水禽栖息地的国际重要湿地公约》（简称《湿地公约》）诞生，保护和合理利用湿地越来越引起世界各国的高度重视，成为国际社会普遍关注的热点。中国政府1992年7月31日正式加入《湿地公约》，在一定程度上推动了我国的湿地保护和管理工作。

正确处理好湿地保护与开发利用的关系，坚持经济发展与生态保护相协调，树立保护优先的思想，坚持在保护中发展、在发展中保护，形成湿地资源保护和区域经济协调发展统一的局面，把湿地保护引入可持续发展的轨道。

从维护可持续发展的长远利益出发，必须坚持保护优先的原则，对现有沿海自然湿地资源实行普遍保护，坚决制止随意侵占和破坏湿地的行为，要严格控制开发占用自然湿地。同时，加强沿海湿地保护法规和政策体系建设，建立健全湿地保护管理体系，加大监督和执法力度，切实制止随意侵占和破坏湿地资源的行为。广泛深入地开展湿地保护宣传教育和生态道德教育，进一步提高全社会对湿地保护的意识。

（四）加强红树林等海岸适性林木建设

红树林是在亚热带地区陆地与海洋交界的滩涂上生长的一类特有的森林植被，是在海湾、河口泥滩和海水中特有的常绿灌木和小乔木群落。红树林生态系统是世界上最富多样性、生产力最高的海洋生态系统之一。它并不是红色的，只是因为树皮里的木质曾出现红褐色才得名红树。它是一种胎生植物，种子成熟后仍然挂在树上，等它长出幼苗才脱离母树，落入淤泥成活。如果掉在海水中，靠海潮传播，繁殖生长的速度相当惊人。其根系发达，可以固定沙壤，保护海岸，抵御破坏性海浪。红树林素有"海中森林"之称，是扩展海岸生态的天然工厂和保护海岸带的天然屏障。

2004年12月26日发生的印度洋地震海啸造成了人类空前的海洋灾害浩劫。痛定思痛，人们发现，沿海灾区红树林和浅海珊瑚礁如果没有遭到破坏，它们也许可以大大减弱海啸的破坏力，挽救许多遇难者的生命。世界自然保护基金会负责人西蒙·克里普斯认为："它们（红树林和珊瑚礁）可以减缓这种海啸和洪水的冲击。当然，它们不能完全阻止洪水，但我们看到有红树林的地方受灾害程度大幅度减小。"泰国重灾区普吉岛的万豪酒店建在海龟孵卵区域，因此设计时严格遵照环保标准，附近红树林保存良好，那里遭受的破坏明显比其他地方小。

在适合种植红树林的沿海地带，提高保护和种植红树林的力度，是建设绿色海岸、提高防灾能力、改善生态环境、增加生物多样性和发展人文经济的最佳选择。种植红树林要明显好于以资源和生态为代价换取眼前的一点经济利益的围海造田和围垦养殖。

我国热带、亚热带沿海的红树林资源不容乐观。随着大规模的围海造田和围垦养殖，导致红树林资源受到空前的劫难。随着经济的快速发展，许多地方的红树林湿地被盲目开垦，水资源过度消耗，加上气候变暖等自然因素，红树林面积急剧减少，沿海滩涂的污染状况也日益加重。在过去的50年间我国红树林面积减少了70%，目前仅存1.5万公顷左右，不及世界红树林总面积的1‰。

截至目前，我国已经建立了多个国家红树林生态自然保护区。有的加入联合国教科文组织世界生物圈，并被列入国际重要湿地。令人欣慰的是，一些沿海地区有远见的管理者已经认识到，热带和亚热带海岸的红树林带不仅具有防灾减灾的作用，而且具有生态和支持经济可持续发展的能力。位于中国南部广西北海市的山口红树林保护区，近年来因成功保护红树林湿地而受到国际社会的广泛关注。该保护区目前拥有13种红树林植物和近百种昆虫、浮游植物、鱼类、贝类、鸟类，它们一起构成了和谐的红树林生态系统，长久地维持着生态平衡。一些地段的红树林已经生长了几十年甚至近百年的时间。在这里，人们把红树林看做海岸卫士和天然农场，是因为它不但有极高的生态效益，还具有预防台风、保护堤岸、净化海水、促进旅游等多种经济效益和社会效益。一些北海市民甚至把红树林当做自己城市的象征。

对于红树林的保护，一方面，我们应通过法规加强保护红树林，形成一种强制手段；另一方面，要注重宣传教育，培养人们的环境意识、生态意识，让老百姓认识红树林，保护红树林，热爱红树林。

六、加大科技投入，开展海岸带专项研究

海平面变化涉及全球气候变化、海洋环境变化、区域地壳变化、人为因素引起的地面沉降等多种因素。因此，需应用多种科学手段取得精确的变化数据，同时应用多种分析方法，研究其变化规律，确定其幅度和时空变化特征。在此过程中，除了完善常规观测和研究手段外，尚需应用一些高新技术观测方法，并与天文学、大地测量学和地球物理学等学科相交叉。在研究内容方面，需研究海平面变化导致的河口海岸风暴潮强度增加、海水入侵和内渗、海岸侵蚀速度增大、河口河槽地貌变形、三角洲水系比降变缓、洪涝灾害加强等。还需研究基面变化给城市建设带来的一系列问题，如防洪、排污、排涝、给水、排水、城市交通等。并要针对这些问题，提出相应的防治对策。这项研究涉及面广，综合性强，需要发挥多学科各自的长处，多方协调，共同攻关。

（1）建设完善海洋领域应对气候变化观测、研究和服务体系，开展海洋领域对气候变化的分析评估和预测。建立海平面监测预测分析评估系统，进一步做好海平面变化影响评价，研究海平面上升适应对策，保障和促进沿海经济发展。

（2）加强海洋变化的分析研究。利用我国海洋气候观测资料，结合其他来源资料，诊断分析我国近海、邻近大洋和两极的典型海洋变化特征，重点分析具有气候变化指示性的海温、盐度、上层海洋热含量、海流、大洋深层水团特性等，构建海洋气候变化指标序列，评估气候变化的科学事实。

（3）加强海平面上升预测研究。改进统计和数值预测模型，开展全球、西北太平洋、中国近海以及重点海区未来 10 年至 100 年的海平面上升预测及不确定性分析，提高海平面监测数据综合分析处理和海平面上升预测能力。加强相关资料的积累，提高海平面上升的预测可信度。系统收集和整理海平面变化对海岸带环境和社会经济发展影响的有关数据，建立专门的地理信息数据库，利用各种途径，如遥感、断面测量、定点观测等，为科学预测未来海平面变化提供基本数据。

（4）加强对海平面上升各类影响协同作用的研究。海平面上升的各

类影响是一个由多种因素相互制约、共同作用而成的系统。若仅孤立地分析海平面上升因素的作用，而忽视其他协同作用因素，必然导致研究结果的偏差。因此，综合考虑其他协同作用因素对研究对象的影响，对正确评估海平面上升影响至关重要。

（5）加强对海平面上升灾害损失评估的研究。由于我国沿海地区复杂的自然条件，简单运用高程面积法、递减率法、沉积速率法等来估算潮滩湿地面积的损失显然会出现一定的偏差。在研究中，应充分考虑这些方法的适用条件，应该考虑到地区与外界的泥沙交换，使得评估结果更加准确。

（6）开展海平面上升背景下海洋灾害对气候变化的适应评估。在气候变化和海平面上升影响下，我国海洋灾害更加频繁，灾害等级也不断提高，针对气候变化所引发的海洋灾害日益加剧的形势，深入研究各种海洋灾害变化趋势及其生态、社会影响，建立海岸带和近海生态系统对海洋灾害的响应模型，开展海洋灾害的综合、定量风险评估，为各级政府的防灾减灾提供服务。综合分析历史海洋灾害资料，评估对海洋灾害的未来变化趋势及其与气候变化的关系，提高海洋防灾减灾领域的科学和技术支持能力。

（7）开展海平面上升对典型海洋生态系统影响评价。建立海平面上升对典型海洋生态系统影响评价指标体系和评价方法，利用典型生态系统对气候变化响应的相关数据，评价海平面上升对中国典型海洋生态系统的影响。

（8）进行多学科间的综合研究。海平面上升的原因是多方面的，既有自然因素的影响，也有人为因素的影响，所以必须采用先进的仪器设备，进行多学科间的综合研究。只有这样才能进一步阐明海平面上升的原因，并找出其变化规律，进而作出科学的预测。

（9）积极参与IPCC未来气候变化评估，提高海气耦合气候模式对未来气候变化情景的评估能力。在我国已有的工作基础上，研制具有中国特色的海气耦合气候模式，改进气候模式中的参数化和动力学过程描述，提高气候模式对于历史和当代气候的模拟能力，参与联合国政府间气候变化专门委员会（IPCC）未来气候变化情景评估，提升我国在气候变化领域的国际话语权，为我国参与国际气候变化谈判提供科技支撑。

（10）加强国际合作。由于海平面上升是世界性的，涉及全人类，所以各沿海国家的海洋机构对海平面变化的监测工作，必须通力合作，共同努力，这样才能确保资料统一、准确和可靠，并定期进行国与国之间的资料交换和学术交流。

主要参考文献

陈鹭真, 林鹏, 王文卿. 2006. 红树植物淹水胁迫响应研究进展 [J]. 生态学报, 26 (2): 586 – 593.

陈小勇, 林鹏. 1999. 我国红树林对全球气候变化的响应及其作用 [J]. 海洋湖沼通报, (2): 11 – 17.

成建梅, 陈崇希. 2001. 山东烟台夹河中、下游地区海水入侵三维水质数值模拟研究 [J]. 地学前缘, 8 (1): 179 – 184.

储金龙, 高抒, 徐建刚. 2005. 海岸带脆弱性评估方法研究进展 [J]. 海洋通报, 24 (3): 80 – 87.

崔小东. 1998. MODFLOW 和 IDP 在天津地面沉降数值计算中的应用与开发 [J]. 中国地质灾害与防治学报, 9 (2): 122 – 128.

崔红艳. 2005. 基于 GIS 的辽河三角洲潜在海平面上升风险评估 [J]. 辽宁师范大学学报: 自然科学版, 28 (1): 107 – 111.

丁玲, 李碧英, 张树深. 2004. 海岸带海水入侵的研究进展 [J]. 海洋通报, 23 (2): 82 – 87.

董福平, 周黔生. 2005. 海平面上升对浙江省沿海排涝影响的分析 [J]. 浙江水利科技, (1): 12 – 14.

杜碧兰, 田素珍, 吕春花. 1997. 海平面上升对中国沿海主要脆弱区的影响及对策 [M]. 北京: 海洋出版社.

段晓峰, 许学工. 2008. 海平面上升的风险评估研究进展与展望 [J]. 海洋湖沼通报, (4): 116 – 122.

傅国斌, 李克让. 2001. 全球变暖与湿地生态系统的研究进展 [J]. 地理研究, 20 (1): 120 – 128.

国家林业局. 2009. 我国沿海防护林体系建设工程取得显著成效 [J]. 热带林业, 37 (2): 1 – 2.

国家海洋局. 2010. 2009 年中国海平面公报 [R].

国家气候中心气候变化影响评估部. 2010. 气候变化影响综合评估方法 (2.5 版) [R].

韩慕康, 三村信男, 细川恭史. 1994. 渤海西岸平原海平面上升危害性评估 [J]. 地理学报, 49 (2): 107 – 116.

韩友志, 邢兆凯, 于雷. 2007. 辽宁泥质海岸防护林体系建设的技术、经济措施及规划研究 [J]. 辽宁林业科技, 24 (4): 7 – 12.

胡俊杰. 2005. 相对海平面上升的危害与防治对策 [J]. 地质灾害与环境保护, 16 (1): 66 – 70.

滑丽萍, 华珞, 李贵宝. 2005. 基于全球环境变化的中国湿地问题及保护对策 [J]. 首都师范大学学报：自然科学版，26（3）：102-108.

黄磊，郭占荣. 2008. 中国沿海地区海水入侵机理及防治措施研究 [J]. 中国地质灾害与防治学报，19（2）：118-123.

黄日增，邓颂征. 2008. 海平面上升对珠海市用地规划和排水工程的影响及对策研究 [J]. 广东科技，（16）：53-54.

黄镇国，张伟强，范锦春. 2000. 珠江三角洲2030年海平面上升幅度预测及防御方略 [J]. 中国科学：D辑，30（2）：202-208.

黄镇国，张伟强，赖冠文. 1999. 珠江三角洲海平面上升对堤围防御能力的影响 [J]. 地理学报，54（6）：518-525.

黄立人，马青，王若柏. 2004. 中国大陆部分地区的地壳垂直运动 [J]. 大地测量与地球动力学，24（4）：7-12.

李平日，方国祥，黄光庆. 1993. 海平面上升对珠江三角洲经济建设的可能影响及对策 [J]. 地理学报，48（6）：527-534.

梅达，库什曼著. 1996. 海平面上升与海岸过程 [M]. 李成等译. 北京：海洋出版社.

李秀存，廖桂奇，覃维炳. 1998. 气候变化对海岸带环境的影响及防治对策 [J]. 广西气象，19（3）：28-31.

李贵友，侯晓民. 1999. 天津市地面沉降现状及控制对策 [M]. 北京：欧亚经济出版社.

李从先，王平，范代读. 2000. 布容法则及其在中国海岸上的应用 [J]. 海洋地质与第四纪地质，20（1）：87-91.

李涛，潘云，娄华君. 2005. 人工神经网络在天津市区地面沉降预测中的应用 [J]. 地质通报，24（7）：677-681.

李晓刚. 2008. 厦门市海平面上升规划对策 [J]. 现代城市研究，23（5）：27-33.

李猷，王仰麟，彭建. 2009. 海平面上升的生态损失评估——以深圳市蛇口半岛为例 [J]. 地理科学进展，28（3）：417-423.

缪启龙，周锁铨. 1999. 海平面上升对长江三角洲海堤、航运和水资源的影响 [J]. 南京气象学院学报，22（4）：625-630.

刘岳峰，邬伦，韩慕康. 1998. 辽河三角洲地区海平面上升趋势及其影响评估 [J]. 海洋学报，20（2）：73-82.

刘毅. 2001. 地面沉降研究的新进展与面临的新问题 [J]. 地学前缘，8（2）：273-278.

刘杜鹃. 2004. 相对海平面上升对中国沿海地区的可能影响 [J]. 海洋预报，21（2）：21-28.

刘杜娟，叶银灿. 2005. 长江三角洲地区的相对海平面上升与地面沉降 [J]. 地质灾害与环境保护，16（4）：400-404.

刘小伟，郑文教，孙娟. 2006. 全球气候变化与红树林 [J]. 生态学杂志，25（11）：1418-1420.

卢演俦，丁国瑜. 1994. 中国沿海地带新构造运动、海平面上升对中国三角洲地区的影响及对策 [M]. 北京：科学出版社.

卢昌义，林鹏，叶勇. 1995. 全球气候变化对红树林生态系统的影响与研究对策 [J]. 地球科学进展，10 (4)：341 – 347.

莫永杰，廖思明，葛文标. 1995. 现代海平面上升对广西沿海影响的初步分析 [J]. 广西科学，2 (1)：38 – 41.

秦大河. 2005. 中国气候与环境演变（上卷）：气候与环境的演变及预测 [M]. 北京：科学出版社.

任美锷. 1991. 我国海面上升及其对策 [J]. 大自然探索，10 (35)：7 – 10.

任美锷. 1993. 黄海长江珠江三角洲近 30 年海平面上升趋势及 2030 年上升量预测 [J]. 地理学报，48 (5)：385 – 393.

上海市水利局. 2008. 面对海平面上升上海拟建新水闸 [J]. 上海水务，(1)：16 – 16.

施雅风，朱季文，谢志仁. 2000. 长江三角洲及毗连地区海平面上升影响预测与防治对策 [J]. 中国科学：D 辑，30 (3)：225 – 232.

孙卫东. 1996. 治理黄河三角洲海岸蚀退的生物措施——米草生态防护工程 [J]. 中国地质灾害与防治学报，7 (3)：45 – 48.

谭晓林，张乔民. 1997. 红树林潮滩沉积速率及海平面上升对我国红树林的影响 [J]. 海洋通报，16 (4)：29 – 35.

王芳. 1998. 海平面上升的影响及损失预测 [J]. 上海环境科学，17 (10)：9 – 11.

王芳. 1998. 海平面上升适应性战略多目标评价 [J]. 灾害学，13 (3)：89 – 92.

王庆. 1998. 海面上升影响山地海岸的两种机制及对策 [J]. 灾害学，13 (3)：51 – 55.

王国忠. 2005. 全球海平面变化与中国珊瑚礁 [J]. 古地理学报，7 (4)：483 – 492.

王亚民. 2009. 全球气候变化对渔业和水生生物的影响与应对 [J]. 中国水产，(1)：21 – 24.

温国平，程金沐. 1993. 海平面上升对珠江三角洲城市排水和河流水质影响预测 [J]. 热带地理，13 (3)：201 – 205.

吴崇泽. 1994. 海平面上升对海岸带环境的影响与危害及其防治对策 [J]. 灾害学，9 (1)：34 – 37.

吴吉春，薛禹群. 1996. 改进特征有限元法求解高度非线性的海水入侵问题 [J]. 计算物理，13 (2)：201 – 206.

吴振祥，樊秀峰，简文彬. 2004. 福州温泉区地面沉降灰色系统预测模型 [J]. 自然灾害学报，13 (6)：59 – 62.

伍远康，汪邦道. 2003. 浙江省沿海海平面上升及预测 [J]. 浙江水利科技，(2)：1 – 4.

徐华清. 2007. 国家方案应对气候变化 [J]. 时事资料，(4)：7 – 10.

杨桂山，施雅风. 1995. 中国沿岸海平面上升及影响研究的现状与问题 [J]. 地球科学进展，10 (5)：475 – 482.

杨世伦，王兴放. 1998. 海平面上升对长江口三岛影响的预测研究 [J]. 地理科学，18 (6)：518 – 523.

杨林. 2005. 珠三角咸潮的形成机制及防范措施 [J]. 宜春学院学报, 27 (S1): 125 – 127.

叶友宁. 2001. 福建省沿海防护林可持续发展探讨 [J]. 福建林业科技, 28 (S1): 63 – 66.

叶勇, 卢昌义, 郑逢中. 2004. 模拟海平面上升对红树植物秋茄的影响 [J]. 生态学报, 24 (10): 2238 – 2244.

殷永元. 2002. 气候变化适应对策的评价方法和工具 [J]. 冰川冻土, 24 (4): 426 – 432.

于宜法, 俞聿修. 2003. 海平面长期变化对推算多年一遇极值水位的影响 [J]. 海洋学报, 25 (3): 1 – 7.

于宜法, 刘兰, 郭明克. 2007. 海平面上升导致渤、黄、东海潮波变化的数值研究 II——海平面上升后渤、黄、东海潮波的数值模拟 [J]. 中国海洋大学学报: 自然科学版, 37 (1): 7 – 14.

张彩芬. 1999. 海平面上升对上海地区市政建设的影响及对策 [J]. 贵州师范大学学报: 自然科学版, 17 (1): 20 – 22.

张庆阳. 2005. 小岛屿国家适应气候变化战略对策 [J]. 气象科技合作动态, (5): 26 – 28.

张晓龙, 李培英, 李萍. 2005. 中国滨海湿地研究现状与展望 [J]. 海洋科学进展, 23 (1): 87 – 95.

张行南, 张文婷, 刘永志. 2006. 风暴潮洪水淹没计算模型研究 [J]. 系统仿真学报, 18 (S2): 20 – 23.

张继权, 李宁. 2007. 主要气象灾害风险评价与管理的数量化方法及其应用 [M], 北京: 北京师范大学出版社.

张永民, 赵士洞, 郭荣朝. 2008. 全球湿地的状况、未来情景与可持续管理对策 [J]. 地球科学进展, 23 (4): 415 – 420.

张绪良, 陈东景, 谷东起. 2009. 近20年莱州湾南岸滨海湿地退化及其原因分析 [J]. 科技导报, 27 (4): 65 – 70.

赵希涛. 1996. 中国气候与海面变化及其趋势和影响②: 中国海面变化 [M]. 济南: 山东科学技术出版社.

郑铣鑫, 武强, 应玉飞. 2001. 中国沿海地区相对海平面上升的影响及地面沉降防治策略 [J]. 科技通报, 17 (6): 51 – 55.

郑铣鑫, 武强, 侯艳声. 2002. 城市地面沉降研究进展及其发展趋势 [J]. 地质论评, 48 (6): 612 – 618.

中国科学院地学部. 1994. 海平面上升对沿海地区经济发展的影响与对策 [M]. 北京: 科学出版社.

中国气象局. 2007. 中国气候变化评估报告 [M]. 北京: 科学出版社.

周子鑫. 2008. 我国海平面上升研究进展及前瞻 [J]. 海洋地质动态, 24 (10): 14 – 18.

左书华, 李九发, 陈沈良. 2006. 河口三角洲海岸侵蚀及防护措施浅析——以黄河三角洲及长江三角洲为例 [J]. 中国地质灾害与防治学报, 17 (4): 97 – 101.

Bates P D, De Roo A P J. 2000. A simple raster – based model for floodplain inundation [J]. Journal of

Hydrology, 236: 54 –77.

Brown I, Jude S, Koukoulas S. 2006. Dynamic simulation and visualization of coastal erosion [J]. Computers, Environment and Urban Systems, 30: 840 –860.

Bryan B, Harvey N, Belperio T. 2001. Distributed process modeling for regional assessment of coastal vulnerability to sea level rise [J]. Environmental Modeling and Assessment, 6: 57 –65.

Carton J A, Giese B S, Grodsky S A. 2005. Sea level rise and the warming of the oceans in the Simple Ocean Data Assimilation (SODA) ocean reanalysis [J]. J. Geophys. Res. , 110: C09006, doi: 10. 1029/2004JC002817.

Church J A, Gregory J M, Huybrechts P, et al. 2001. Changes in sea level. In Climate Change 2001: the Scientific Basis, Contribution of Working Group I to the Third Assessment Report of the Intergovernmental Panel on Climate Change [M]. Cambridge Univ. Press, Cambridge, p. 881.

Cohen M J, Brown M T, Shepherd K D. 2006. Estimating the environmental costs of soil erosion at multiple scales in Kenya using energy synthesis [J]. Agriculture Ecosystems and Environment, 114: 249 –269.

Coopera J A G, Pilkey O H. 2004. Sea –level rise and shoreline retreat: time to abandon the Bruun Rule [J]. Global and Planetary Change, 43: 157 –171.

Costanza R, d'Arge R, Groot R de. 1997. The value of the world's ecosystem services and natural capital [J]. Nature, 387: 253 –260.

Dawson R J, Hall J W, Bates P D. 2005. Quantified analysis of the probability of flooding in the Thames Estuary under imaginable worst –case sea level rise scenarios [J]. Water Resources Development, 21 (4): 577 –591.

Day J w J r, Rybczyk J, Scarton F. 1999. Soil accretionary dynamics, sea level rise and the survival of wetlands in Venice Lagoon: a field and modeling approach [J]. Estuarine Coastal and Shelf Science, 49: 607 –628.

El –Raey M, Dewidar K R, 1999. El –Hattab M. Adaptation to the Impacts of Sea Level Rise in Egypt [J]. Mitigation and Adaptation Strategies for Global Change, 4 (3): 343 –361.

Finlayson C M, Storrs M J, Li Mner G. 1997. Degradation and rehabilitation of wetlands in the Alligator Rivers Region of northern Australia [J]. Wetlands Ecology and Management, 5: 19 –36.

Frihy O E. 2003. The Nile Delta –Alexandria coast: vulnerability to sea –level rise, consequences and adaptation [J]. Mitigation and Adaptation Strategies for Global Change, 8: 115 –138.

Gornitz V. 1991. Global coastal hazards from future sea level rise [J]. Global and Planetary Change, 3 (4): 379 –398.

Holgate S, Jevrejeva P. Woodworth, and S. Brewer. 2007. Comment on "A semi –empirical approach to projecting future sea –level rise" [J]. Science, 317: 1866, doi: 10. 1126/science. 1140942.

Horton R, C Herweijer, C Rosenzweig, J Liu, V Gornitz, A C Ruane. 2008. Sea level rise projections for current generation CGCMs based on the semi – empirical method [J]. Geophys. Res. Lett., 35: L02715, doi: 10. 1029/2007GL032486.

Houghton J T, Ding Y, Griggs D J. 2001. Climate change 2001: The scientific basis [M]. Cambridge, UK: Cambridge University Press.

Intergovernmental Panel on Climate Change (IPCC). 2000. Emissions Scenarios 2000 [M]. Cambridge Univ. Press, Cambridge, U. K..

Intergovernmental Panel on Climate Change (IPCC). 2001. Climate Change 2001: The Scientific Basis [M]. edited by J. T. Houghton et al., Cambridge Univ. Press, Cambridge, U. K,.

Intergovernmental Panel on Climate Change (IPCC). 2007. Climate Change 2007: The Physical Science Basis. Contribution of Working Group I to the Fourth Assessment Report of the Intergovernmental Panel on Climate Change [M]. edited by S. Solomon et al., Cambridge Univ. Press, Cambridge, U. K.

Kihm J H, Kim J M, Song S H. 2007. Three – dimensional numerical simulation of fully coupled groundwater flow and land deformation due to groundwater pumping in an unsaturated fluvial aquifer system [J]. Journal of Hydrology, 335: 1 – 14.

Kim K D, 2006. Assessment of ground subsidence hazard near an abandoned underground coal mine using GIS [J]. Environmental Geology, 50: 1183 –1191.

Kremer H H, Le Tissier. 2005. Land – Ocean Interactions in the Coastal Zone: Science Plan and Implementation Strategy [R]. Stockholm, SWEDEN: IGBP Secretariat.

Langevin C, Swain E, Wolfeft M. 2005. Simulation of integrated surface – water/ground – water flow and salinity for a coastal wetland and adjacent estuary [J]. Journal of Hydrology, 314: 212 –234.

Leckebusch G C, Ulbrich U. 2004. On the relationship between cyclones and extreme windstorm events over Europe under climate change [J]. Global and Planetary Change, 44: 181 – 193.

Lee E M. 2005. Coastal cliff recession risk: a simple judgment – based model [J]. Quarterly Journal of Engineering Geology and Hydrogeology, 38: 89 – 104.

Leonfyev I O. 2003. Modeling erosion of sedimentary coasts in the western Russian Arctic [J]. Coastal Engineering, 47: 413 – 429.

Mao X, Prommer H, Barry D A. 2006. Three – dimensional model for multi – component reactive transport with variable density groundwater flow [J]. Environmental Modeling & Software, 21 (5): 615 –628.

McFadden L, Spencer T, Nicholls R J. 2007. Broad – scale modeling of coastal wetlands: what is required? [J]. Hydrobiology, 577: 5 – 15.

Munk, W. 2003. Ocean freshening, sea level rising [J]. Science, 300: 2041 –2043.

Nicholls R J, Leatherman S P. 1996. Adapting to sea level rise: relative sea level trends to 2100 for the United States [J]. Coastal Management, 24: 301 –324.

Nicholls R J. 2004. Coastal flooding and wetland loss in the 21st century: changes under the SRES climate and socio – economic scenarios [J]. Global Environmental Change, 14: 69 –86.

Nicholls R J, Tol R S J. 2006. Impacts and responses to sea level rise: a global analysis of the SRES scenarios over the twenty – first century [J]. Philosophical Transactions of the Royal Society, 364: 1073 – 1095.

Oppenheimer M, Alley R B. 2005. Ice sheets, global warming, and Article 2 of the UNFCCC [J]. Clim. Change, 68: 257 – 267.

Quirin S. 2006. Climate change: A sea change [J]. Nature, 439: 256 – 260.

Rahmstorf S. 2007a. A semi – empirical approach to projecting future sea level rise [J]. Science, 315: 368 – 370.

Rahmstorf S. 1866. Response to comment on "A semi – empirical approach to projecting future sea level rise" [J]. Science, 2007b, 317: doi: 10. 1126/science. 1141283.

Raper S C B, Braithwaite R J. 2006. Low sea level rise projections from mountain glaciers and icecaps under global warming [J]. Nature, 439: 311 – 314.

Reed D J. 2002. Sea level rise and coastal marsh sustainability: geological and ecological factors in the Mississippi delta plain [J]. Geomorphology, 48: 233 – 243.

Rignot E, Casassa G, Gogineni P, et al. 2004. Accelerated ice discharge from Antarctic Peninsula following the collapse of Larsen B ice shelf [J]. Geophys. Res. Lett., 31: L18401, doi: 10. 1029/2004GL020697.

Rignot E, Kanagaratnam P. 2006. Changes in the velocity structure of the Greenland ice sheet [J]. Science, 311: 986 – 990.

Sánchez – Arcilla A, Jimenez J A, Stive M J F. 1996. Impacts of sea – level rise on the Ebro Delta: a first Approach [J]. Ocean&Coastal Management, 30 (2): 197 – 216.

Schmith T, Johansen S, Thejll P. 1866. Comment on "A semi – empirical approach to projecting future sea level rise" [J]. Science, 2007, 317: doi: 10. 1126/science. 114328.

Shepherd A, Wingham D. 2007. Recent sea – level contributions of the Antarctic and Greenland ice sheets [J]. Science, 315: 1529 – 1532.

Shi Y, Zhu J, Xie Z. 2000. Prediction and prevention of the impacts of sea level rise on the Yangtze River Delta and its adjacent areas [J]. Science in China (Series D), 43 (4): 412 – 422.

Titus J G. Rising seas, coastal erosion, and the taking clause: how to save wetlands and beaches without hurting property owners [J]. Maryland Law Review, 1998, 57: 1279 – 1399.

Velicogna I, Wahr J. 2006. Measurements of time – variable gravity show mass loss in Antarctica [J]. Science, 311: 1754 – 1756.

Walkden M J, Hall J W. 2005. A predictive Meso – scale model of the erosion and profile development of softrock shores [J]. Coastal Engineering, 52: 535 – 563.

Xu Y J, Singh V P. 2006. Coastal environment and water quality [M]. Highlands Ranch, USA: Water Resources Publications, LLC.

Zhang K, Douglas B, Leatherman S P. 2004. Global warming and coastal erosion [J]. Climatic Change, 64: 41 – 58.

Zwally H J, Abdalati W, Herring T, et al. 2002. Surface Melt – Induced Acceleration of Greenland Ice – Sheet Flow [J]. Science, 297: 218 – 222.